東方宇宙三部曲
EAST COSMOLOGY PHYSICS

東方宇宙三部曲之一

東方宇宙

作者：蔡志忠
責任編輯：湯皓全
美術編輯：何萍萍
校對：呂佳真
法律顧問：董安丹律師、顧慕堯律師
出版者：大塊文化出版股份有限公司
台北市105022南京東路四段25號11樓
www.locuspublishing.com
讀者服務專線：0800-006689
TEL：(02) 87123898　FAX：(02) 87123897
郵撥帳號：18955675　戶名：大塊文化出版股份有限公司
版權所有　翻印必究

總經銷：大和書報圖書股份有限公司
地址：新北市新莊區五工五路2號
TEL：(02)89902588(代表號)　FAX：(02)22901658
排版：天翼電腦排版印刷有限公司
製版：瑞豐實業股份有限公司
初版一刷：2010年12月
初版四刷：2021年4月

精裝全套定價：新台幣1500元（不分售）
Printed in Taiwan

東方宇宙三部曲之一

東方宇宙
EAST COSMOLOGY PHYSICS

蔡志忠 ◎文‧圖

獻　詞

謹以此書獻給我的父親：蔡　長

　　小時候常常聽父親對別人說：「報紙亂寫、歷史亂寫、教科書亂寫。」

　　我不知道是否是父親亂講？胡亂批評？

　　但另一方面，我也真不知道報紙、歷史、教科書是否真的亂寫？

　　從此我看到任何寫到書面上的事物，我不會立刻認為是真理，只會說：「我曾經在報紙、歷史、課本看過有這麼個說法。」

　　一切事實必須等到自己親自證實以後才信以為真，而這也是我從小便養成獨立思考、獨立判斷的好習慣的原因。

　　謝謝父親！

目錄

序

漫畫家蔡志忠
50歲，開始與物理談戀愛

張孟媛

　　藝術家無邊的想像力，這回要挑戰的是既絕對又嚴謹的物理，把自己的腦子當實驗室。蔡志忠覺得自己和偶像愛因斯坦很像，因為愛因斯坦的發現，也是先在大腦中完成，「而且我們都很害羞、痛恨束縛，喜歡獨立思考……」

　　天還未亮，習慣凌晨起床的蔡志忠，已經做了好多事情。望著飯店窗外紅磡灣上的點點漁火、波浪起起伏伏、海平面上下合而為一的景象，剛剛思考過的宇宙學、銀河系、量子力學，在蔡志忠腦海裡霎時融會貫通。

　　那是 1998 年 8 月，50 歲的漫畫家蔡志忠到香港參加埠際杯橋牌賽。原本即對物理、數學有著濃厚興趣的他，比賽結束返台後便宣佈，要閉關三年專心研究物理。

　　「我向出版界的朋友說，沒有任何理由，任何人、事、物，可以阻止我研究物理。」

　　蔡志忠像個大孩子般興奮地說著。原本以為自己花三年就可以把物理給弄通，沒想到一直到現在，已經是第七個年頭了。

　　從小就愛漫畫的蔡志忠，為了編故事，什麼書都拿來讀，他

也愛看偵探小說，甚至夢想過成為偵探。1990 年代初，蔡志忠接觸到台灣出版市場的一些科普書時，他發現物理就像是所有案件裡的頭號嫌疑犯，而自己可以當個宇宙中的偵探。

「我很愛看黑洞、時間逆流等這些主題，就像一般的科普讀者，因為他們都非常玄妙。」這些神秘未知的領域，早就讓蔡志忠深深著迷。

初中二年級便輟學上台北、以一圓漫畫家之夢的蔡志忠，在畫了《大醉俠》、《肥龍過江》等搞笑漫畫後，37 歲已經買了三棟房子，有 860 萬元的存款，然而他發現，這些錢夠用了！「為什麼要把生命拿來換錢、換名片上的頭銜？我當下決定不再賺錢，要把生命拿去做有意義的事情、做對學子有用的事。」接著他以獨特的畫風，再加上親身的鑽研與領悟，畫出了《莊子說》、《老子說》等一系列暢銷漫畫，這為他帶來了聲名，經濟上從此更是不虞匱乏。蔡志忠笑自己說：「就像是歐洲的貴族，有錢有閒就會想要去研究宇宙的起源、時間是什麼等問題。」

蔡志忠並不是到學校從正規的物理理論學起。閉關的第一年，他不再看科普書，而是放任自己狂想，因為他覺得知識會妨礙思考。第二年，他讀起了牛頓的《自然哲學的數學原理》等書，盡可能鑽研那些「古籍」。他直到第三年才去學數學，因為「數學也會妨礙我的思考」。

蔡志忠向台大數學系蔡聰明教授學微積分，上課的筆記與感想，在他的簿子上都變成了漫畫。他把讀到的所有物理理論、方程式全部自己運算過，確認它們的真偽；他觀察周遭的現象，試著用微積分來描述它們的變化；最後，他開始自己思索空間、質量以及時間的定義問題。

第一次看到萊布尼茲那優美而內斂的級數方程式，起了一身雞皮疙瘩。

物理、數學、微積分，一般人避之唯恐不及，為什麼蔡志忠可以這麼著迷？「小孩子最喜歡新奇的東西，最不耐煩的是一成不變。有什麼東西會比物理更好玩？有什麼東西會比數學更美？數學會被認為很困難，主要是因為老師教得不好。」

蔡志忠說，他第一次看到萊布尼茲解出的三角倒數求和問題，那優美而收斂的級數方程式，讓他起了一身雞皮疙瘩。蔡志忠最喜歡做恆等式，也喜歡計算橢圓；他會在浴缸裡、馬桶旁觀察水流，再想辦法寫個方程式來描述；而他家的廁所，貼滿了他還沒想通的數學問題。動腦的樂趣、解開題目時的喜悅，讓他「就像進入了一個逆光的房間，門窗都打開了，身體也在發光，我感動得快要跪下來。那種滋味，你只要嘗試過一次，就會上癮！」

地板上的物理書籍堆積如山，而物理書堆的後面，則是蔡志忠自修物理、涉獵科學史所做的筆記，總共有好幾書櫃。他也會找物理學家朋友一起討論，交換心得，雖然他們花在爭辯的時間可能比較多。「如果有上帝，上帝有一本物理簿子，他會怎麼寫物理？現在的人當然用數學來寫，但上帝才不會用地球人規定的單位來寫！」

來一場東方文藝復興

蔡志忠覺得，科學隨著西方人的思考模式，已經越研究越深入，探究的點越來越小；若要研究宇宙、時間這種大尺度的問題，東方人或許更適合，更具優勢。「老子是中國最早的理論物

理學家，若要談宇宙創世，老子的說法絕對正確！」蔡志忠倡議應該來一場東方文藝復興，因為要先對西方的物理史、數學史、哲學史有通盤的瞭解，才有可能在「巨人的肩膀上增加一些東西」。不過蔡志忠又說，「如果照著西方的軌道，我們不可能超越前面的火車」。即使現在使用的數學與物理是西方的軌道，蔡志忠也希望將來能走出自己的方向。最近，他正以自己的一套語言，企圖解釋時間之謎，事實上，他也不在意將來外界能否接受他的想法。這一切，或許就像蔡志忠的好朋友、「中研院」物理所研究員余海禮所說的：「留待宇宙的真理來檢驗。」

　　至於為什麼一定要另闢蹊徑？蔡志忠回想起小學時最照顧他的自然老師李再興，「課本上、生活上不懂的，我都跑去問李老師，他也會熱心回答。如果是老師不知道的，他會說他要回家查書再告訴我」。蔡志忠發現，老師不是萬能的，做學問不能全靠老師。同樣地，研究物理若想要得出重大發現，就必須自己開創道路。「電腦可以做加減乘除，可是它不會思考。我和別人最大的不同，就是大腦『有問題』！」他再三強調，教育，應該先讓學生自己進入一種困境，才會有所領悟。填鴨式的學習不是良方！他引述了《論語》中孔子與子貢的對話：「子曰：『賜也，女以予為多學而識之者與？』對曰：『然。非與？』曰：『非也！予一以貫之。』我也是予一以貫之。」

　　蔡志忠說，自己把「思考」列為一切之先，因為學習不能死記硬背，他用系統式的記憶，記的是「取出來的方法」。蔡志忠認為，現在的教育體制與家長觀念有偏差，才讓學生把時間花在沒有效率的學習上，他希望年輕學生們都要有自己的一套專長，即便不是物理，每個人也應該有一把自己的刷子！未受到傳統思路的束縛，再加上藝術家無邊的想像力，蔡志忠用他獨有的跳躍

式的思考體會物理的樂趣，而且再也離不開物理，「物理是我最大的享受，對我而言，思考、發現與求知的過程，就是最大的回饋。」

（本文轉載自 2005 年 9 月出版的《科學人雜誌》世界物理年特刊）

自序

東方的思維

蔡志忠

　　400 年來，我們都聽西方世界說：宇宙是什麼？時間是什麼？空間是什麼？物質是什麼？能量是什麼？

　　當然自文藝復興以來，西方的科學發展的確成果非凡。而我們也的確從明朝以來便在這場物理科學發展史中缺席了 400 多年，沒有實質增加物理巨人肩膀的高度。東方的物理真的不如西方嗎？從人類文明到 600 多年前明朝時期，東方的數學、科學都不輸給西方的。

　　但我們的確從物理科學發展史中缺席了一大段時間。雖然今天不乏極為著名的東方科學家活躍於世界舞台，但他們大都是借助於西方的科學沃土滋養的，少有出自東方本土自己所培養而成的。從諾貝爾獎設立 100 多年以來，兩岸 13 億人口竟然沒有任何一位拿中國戶口的中國人獲獎，而全球不到 2000 萬人口的猶太人獲獎次數將近 300 次，這實在令我們自己汗顏。我們應該急起直追迎頭趕上，及早成為當代物理科學的先鋒者，這已經是件刻不容緩的事了。

　　然而，今天整個物理科學基礎與理論是建構在西方的「軌道」上。行走於別人所架設的「軌道」，如何超越前面那部「火

車」呢？或許，我們應該由東方獨特的文化思想出發，發展出一套迥異於西方的物理學，這也許有機會走出一條從來沒有人發現的康莊大道！

物理之所以美妙，吸引人無條件地投入，是因為它裡面仍隱藏著無窮的未知智慧寶藏！也由於物理的不完備，才能提供歷代都有誕生偉大物理學家的機會。如果牛頓、愛因斯坦等偉大的科學家們早已解開所有的宇宙、物理問題，那麼今天我們就僅能觀看已經完備的物理史、讚歎先賢們的智慧、而無緣參與其中、成為今後科學史的一分子。

十年前開始閉關研究宇宙物理時，我當然曾經想過：

自己絕對不可能是有史以來最聰明、最適合研究物理的人。憑什麼 3000 年來沒人發現的宇宙奧秘會留到今天讓我發現？「有的！」是不同的思考方式和不同的觀察事物的角度，讓我們得以與眾不同！如果我們以不同的思考方式和不同的角度觀察事物，便有機會發現一條從來不曾有人走過的道路，從中看到與眾不同的情境。

回顧過去 400 多年來，西方科學由哥白尼、克卜勒、伽利略、普朗克、玻爾、愛因斯坦等智者們一路從牛頓力學發展到電磁學、量子力學、相對論、高能物理，從宇宙 BIG BANG 理論到夸克、基本粒子，取得超凡的科學成就，展現出人類心智可能發揮的最偉大極限。這些先驅者們的發現，都來自個人與眾不同的出身環境與獨特的思考視野。

現代物理史由西方歐洲展開至今已走了 400 年，現在由東方開始接手或許會有很大的突破，因為東西方的文化思想有極大不

同。雖然頭頂著一顆有東方觀念的大腦，如果有什麼物理突破還是得歸功於西方的肩膀，因為打從一開始思考宇宙問題所在，我還是得先站在西方物理先驅們的肩膀上！

前言

思維的第三隻眼

思考猶如
置身於美得不敢發出讚歎聲的仙境裡，
深怕一絲輕微聲響便擾動了眼前美景。

寂然、幽墜……

一縷天籟悠然如詩般地吹起。

「撲通！」有如青蛙跳入水池，
思想像湖面的漣漪擴張展開，由已知通向未知的領域。

這時慧眼突然開啟，視力百倍地能看穿原本參不破的自然之秘！

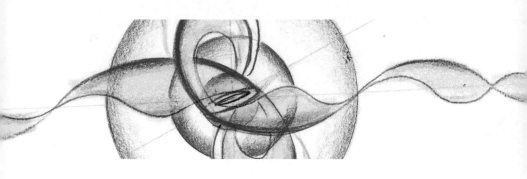

第一章
東方宇宙學

如果宇宙自創始以來有 135 億年，
對宇宙所有外星人而言當然也是 135 億年。

第一節 緣起

佛陀說：

不要因為口耳相傳，就信以為真。

不要因為合乎於傳統，就信以為真。

不要因為轟動一時流行廣遠，就信以為真。

不要因為出自於聖典，就信以為真。

不要因為合乎於邏輯，就信以為真。

不要因為根據哲理，就信以為真。

不要因為符合常識推理，就信以為真。

不要因為合於自己的見解，就信以為真。

不要因為演說者的威信，就信以為真。

不要因為他是你的導師，就信以為真。

佛陀又說：

沒經過自己證實聽到就相信的叫做迷信，我們要將所聽到的一切像用火試驗金一樣地去親自證實，經過自己證實之後才相信的叫做正信。

相同時期中國的孔子對弟子說：

子路啊！你要知道才說知道，不知道就說不知道。
這才叫做真知啊！

科學是求真的過程！2500 年前東方的兩位聖人所訂下來的標準，到今天還是鮮明正確的。但我們真的達到這種要求了嗎？在站在牛頓的肩膀上鑽研宇宙物理之前，我們還得在求真的態度上先站在佛陀與孔子的肩膀上，學習兩位東方聖人正確的求真態度。

第二節　東方宇宙學

1.《易經》

　　自有人類以來，人們便對天地自然展開無窮無盡的研究。中國文明早期的偉大著作《易經》便對宇宙創生有各種描述：

> 易有太極，
> 是生兩儀，
> 兩儀生四象，
> 四象生八卦。
> ——《易經·繫辭上》

　　《易經》是描述宇宙反覆變化之道、讓人們能夠從中學習天地之道來處世的一部書。

　　《易經》是東方文化極重要的一部經典，北宋邵雍依《易經》六十四卦發展出「皇極經世圖」。

　　德國大數學家萊布尼茲通過東渡耶穌會教士白晉看到六十四卦圖形時大為驚訝，他誤以為中國早在 3000 年前就發現了二進位的數學方法，於是萊布尼茲由此發表了數學二進位，這也是讓今天電腦數位資訊能以 0、1 描述一切資訊的關鍵。

2.《道德經》

　　2500 年前中國最偉大的思想家老子在《道德經》中，便對宇宙的創生有自己的獨特看法，老子是周王朝國家圖書館館長。老子的思想當然傳承自中國過去的思想，尤其是《易經》中以整體反覆循環看待宇宙中所有一切事物的觀念。老子說：

　　有無相生。

　　天下萬物生於有，有生於無。

　　道生一，一生二，二生三，三生天下萬物。

　　反者道之動，弱者道之用。

　　人法地，地法天，天法道，道法自然。

　　重為輕根，靜為噪君。

　　老子認為一切事理、現象都只是過程的一片剎那切片，凡事終極必回到循環相繫的本原狀態。

3.《淮南子‧天文訓》

中國的另一本名著《淮南子‧天文訓》說：

天墜未形，
馮馮翼翼，
洞洞灟灟，
故曰太始。
太始生虛廓，
虛廓生宇宙，
宇宙生元氣，
元氣有涯垠。
清陽者薄靡而為天，
重濁者凝滯而為地。

4.「太虛即氣」學說

　　「北宋五子」由《易經》和儒學結合發展出理學。其中張載獨立發展出宇宙創生「太虛即氣」的學說。張載說：

> 太初者，氣之始也。
> 太始者，形之始也。
> 太素者，質之始也。
> 太虛無形，氣之本體，
> 其聚其散，變化之客形爾。
> 由太虛有天之名，
> 由氣化有道之名。
> 太虛不能無氣，
> 氣不能不聚而為萬物，
> 萬物不能不散而為太虛。
> 萬物之始，皆為氣化，既形。
> 然後以形相禪，有形化。
> 形化長，則氣化漸消。

5. 太和之氣

陰陽之氣或實，或虛，或動，或靜，或聚，或散，或清，或濁終究是一而已。

太和之氣是一物兩體，一：故神。二：故化。此天之所以三也。

分散各異，而可象為氣，渾然清通，而不可象為神。

氣的聚散循環本身不減不增，氣散入於無形本非有減，氣的聚為有象本非有增。

有如海中升起的無量數泡沫，生出於海，消失於海！

由水所生，也還原為水，不自離於海水，也不增減海水！

太和所謂道，

中涵浮沉、升降、動靜、相感之性……

是生氤氳、相蕩、勝負、屈伸之始。

凡圓轉之物，動必有機。

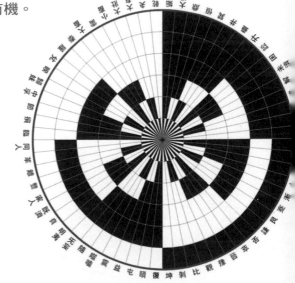

淮南子與張載的宇宙觀比較務實，他們一致認為宇宙由氣分離變化而成，清陽者上升為天，重濁者下沉為地。至於元氣如何由宇宙生成，則輕簡一語帶過。

6. 古代先賢們的物理成就

其實就算我們以今天的天文學標準，又有誰真能知道宇宙如何能無中生有，憑空蹦出這麼大質量、能量的整個宇宙時空呢？

或許有人會誤認為古代中國的宇宙學說，只是哲學家們毫無根據的臆想，其實早在春秋時代《尚書》便記載了古代先賢們的物理成就，和對地球的正確認知：

地體雖靜而終日旋轉，
如人坐舟中而不自覺，
春星西遊、夏星北遊、
秋星東遊、冬星南遊，
一年之中，地有四遊。
——《尚書・靈曜》

早期中國除了文官體系、科舉制度做得不錯之外，天文、物理與應用科學也發展得不錯。早在 3000 年前，中國便已經設有長期觀察天象的專職單位，記錄星空變化。除了有整套 2000 多年來哈雷彗星的完整記錄外，古代中國的科學家們也早知道地球並非靜止不動！

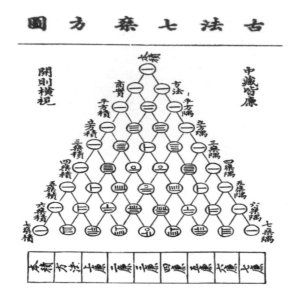

「地體雖靜而終日旋轉，如人坐舟中而不自覺。」

2300 多年前，莊子於《南華真經》第二十七章「天下篇」中，花了很大篇幅討論相對論的觀念。

墨子由他的著作第四十一章開始連續三章討論了數學與光學問題。

北宋初期，數學家賈憲早已發現描述 a + b 的 n 次方的所有係數的方法，比法國數學家所發現的巴斯卡三角整整早了 600 年。

我們無意拿過去的古聖先賢的物理成就來自我吹捧。自西方文藝復興以來，東方的科學發展便遠遠被落在西方之後。東方的物理成就遠遠不如西方是不爭的事實。唯一能做的是奮起直追，期待能夠及早迎頭趕上。

第三節　什麼是東方思維的宇宙

　　自古以來，東西方除了地域不同、人種不同、文化與生活習俗不同之外，思維方式也有極大的不同！例如東方思想中的「道」、「無」、「空」、「禪」等觀念，2500 年來便佔據著東方心靈中的很重要的地位。

　　東西有別，東西方人們的思維方式與觀察事物的角度也有很大的不同。

　　由外 zoom in 到內，格物致知直達究竟終極真理為止，是西方思維的強項。

　　這也是西方科學能發展出量子力學的原因！

　　由小 zoom out 到大，多重焦點，以整體、循環的因果關係看事物，是東方的思維方式！東方思維的宇宙觀便是多重焦點，反覆循環相續、相連的東方宇宙觀。

　　由西方文明角度來看，6000多年來世界的焦點由中東兩河文明的巴比倫、美索不達米亞、蘇美文化轉到埃及、希臘、羅馬、法國、西班牙、葡萄牙、英國，再到美國，而後世界的焦點又由西轉到東方日本、亞洲四小龍……由21世紀開始世界的焦點將在中國達到最光輝燦爛。然後很可能慢慢地轉向印度，轉回到中東兩河流域，剛好快要繞地球一周天了。

　　400多年來，我們已經聽西方講宇宙時空如何如何很久了，而追求宇宙物理的奧秘、找尋天地萬物的奧秘是所有生命的共同夢想，現在也該讓東方來談談什麼是東方思維的宇宙。

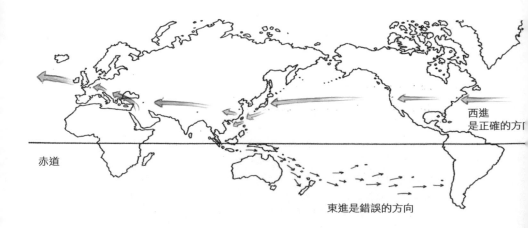

赤道

西進
是正確的方[

東進是錯誤的方向

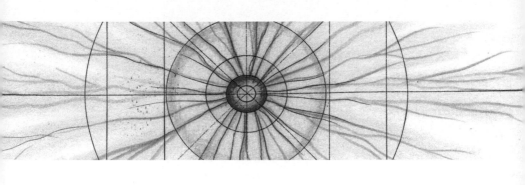

第二章
東方宇宙

是由東方思維出發的關於宇宙的思考。

第一節　宇宙之道

　　道是本質原理，宇宙之道是宇宙的真理實相。

1. 屈原　《天問》

　　遂古之初，誰傳道之？
　　上下未形，何由考之？
　　冥昭曹闇，誰能極之？
　　馮翼惟象，何以識之？

2. 吠陀頌

何人真知之？

何人能宣之？

宇宙何由生？

創造何由起？

神祇與萬物，

何是同時始？

宇宙之起源……

世人誰能知？

──古印度《吠陀頌·贊誦名論》

3. 宇宙贊

我們永遠看不到宇宙中的所有天體，如果我們等待很長時間我們周圍的天體就會死亡！於是我們周圍出現一個亮星天球，宇宙的金色圍牆在這個天球外面，是星體構成的黑暗宇宙，它的光線還沒有射到我們這裡。

──愛倫·坡

第二節 3000年來中國智者的智慧

1. 很久很久以前…… 文明誕生，智者出世！

2700 多年前，世界上幾個古老的文明國家都呈現了極為燦爛的文化，一些傑出的學者和思想家紛紛產生。在希臘，有大哲學家泰勒斯和赫拉克利特。

2.2500 多年前…… 智慧在世界各處開花！

在印度，則有佛教的創始人釋迦牟尼。

3.2500 年前……　各種思想，百花齊放！

而中國時當東周末年春秋戰國之際，人才更是輩出，百家爭鳴。

4.2500 年前……　中國最高智慧的智者誕生！

其中以儒、道、墨、法四家影響最大，而道家學派的創始人便是「老子」。

老子是周王朝國家圖書館館長，他的職位使他有機會看盡中國所有經典。老子的思想傳承自中國過去的思想大成，尤其是《易經》中以整體反覆循環看待宇宙中所有一切事物的觀念。《易經》是影響整個東方思想最關鍵的一部著作，它描述了宇宙、人生的反覆變易之道。

5. 老子說……　有無「相生」。

有無相生，
難易相成，
長短相形，
高下相傾，
音聲相和，
前後相隨。

6. 老子說……　反者道之動，弱者道之用。

反者道之動，弱者道之用。

7. 老子說⋯⋯　天下萬物生於有，有生於無。

天下萬物生於有，有生於無。

8. 老子說⋯⋯　道生一，一生二，二生三，三生
天下萬物。

道生一，
一生二，
二生三，
三生天下萬物。

9. 老子說……　人法地，地法天，天法道，道法自然。

人法地，
地法天，
天法道，
道法自然。

10. 老子說……　重為輕根，靜為噪君。

重為輕根，靜為噪君。
輕則失根，噪則失君。
一切現象都只是過程的一片剎那切片……
凡事終極必回到本原的狀態。

11.《易經》

三國時代王弼說：

「夫卦者，時也；爻者，適時之變者也。」

《易經》是一部關於「時」的哲學，具有規律性思想的循環論。

易經＝宇宙反覆變化之道

易有太極，
是生兩儀，
兩儀生四象，
四象生八卦。
——《易經·繫辭上》

乾上
乾下

第 1 卦　《易經》　乾

乾，創始萬物的天。

乾卦的卦辭是：元、亨、利、貞。

「乾」為天，屬南，日始生、創始萬物的天。

坤上
坤下

第 2 卦　《易經》　坤

坤，順應天，形成萬物。

坤卦的卦辭是：元、亨、利、牝馬之貞。君子有攸往，先迷後得住，利西南得朋，東北喪朋。安貞，吉。

「坤」為地，屬北，順應天，形成萬物。

坎上
坎下

第 3 卦　《易經》　坎

坎，物不可以過終。

坎卦的卦辭是：習坎，有孚，維心亨，行有尚。

「坎」為月，屬北，凹陷，物不可過終，險難重重。

第 4 卦　《易經》　離

離，陷必有麗，上升的太陽。

離卦的卦辭是：利、貞、亨。畜牝牛，吉。

「離」為日、火，屬西，離與坎相反，遇險必須攀附才能脫險。

離
離上
離下

第 5 卦　《易經》　震

震，震動戒懼。

震卦的卦辭是：震，亨，震來虩虩，笑言啞啞；震驚百里，不喪匕鬯。

「震」為雷，屬東，震動戒懼。

震
震上
震下

第 6 卦《易經》　艮

艮，物不可終動。

艮卦的卦辭是：艮其背，不獲其身，行其庭，不見其人，無咎。

「艮」為山，屬中，堅定內心寧靜不妄動。

艮
艮上
艮下

巽
巽上
巽下

第7卦 《易經》 巽

巽，旅而無所容。進入謙遜。

巽卦的卦辭是：巽，小亨，利有攸往，利見大人。

「巽」為風，屬東，有如回音般的謙遜。

兌
兌上
兌下

第8卦 《易經》 兌

兌，入而後說之，謙遜使人喜悅。

兌卦的卦辭是：兌，亨，利貞。

「兌」為水，屬西，內剛外柔喜悅快樂。

　　《易經》是東方文化極重要的一部著作，北宋邵雍依《易經》六十四卦發展出《皇極經世圖》。

　　德國大數學家萊布尼茲由六十四卦圖形發現二進位的數學方法，這也是讓今天電腦數位資訊能以 0、1 描述一切訊息的最重要的關鍵。

12.「氣」

蘇格拉底以前的哲學家們感興趣的是萬物的起源……

泰勒斯認為：這個本原是水！

阿那克西米尼認為：這個本原是氣！

赫拉克利特看來：本原是火！

阿那克西曼德則宣稱：本原不是任何形態固定的東西，而是無限……

而中國歷代的思想家們所認為的宇宙本原與阿那克西米尼一樣，本原是「氣」！

天墜未形，
馮馮翼翼，
洞洞灟灟，
故曰太始。
太始生虛廓，
虛廓生宇宙，
宇宙生元氣，
元氣有涯垠。
清陽者薄靡而為天，
重濁者凝滯而為地。
——《淮南子·天文訓》

　　「北宋五子」也由《易經》和儒學結合發展出理學。其中張
載獨立發展出宇宙創生「太虛即氣」的學說。

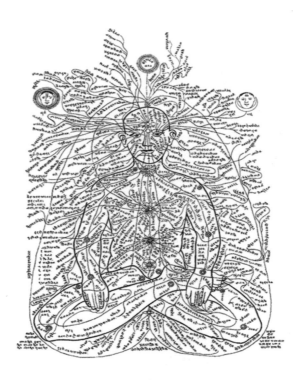

第三節　宋朝理學——宇宙觀

「凡圜轉之物，動必有機。」

——張載

有果必有因，動必有「動機」！

1. 太一

太，至高之極。

一，絕對唯一。

禮必本於太一，

分而為天地，

轉而為陰陽，

變而為四時，

列而為鬼神。

—— 《孔子家語・禮運》

2. 太初

太初者，氣之始也。

太始者，形之始也。

太素者，質之始也。

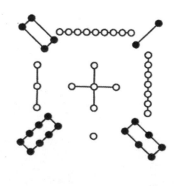

3. 太和

太和之氣是一物兩體，

一：故神。

二：故化。

此天之所以三也。

太和所謂道：中涵浮、
沉、升、降、動、靜相感之
性……

是生絪縕相蕩、勝、負、屈、伸之始。

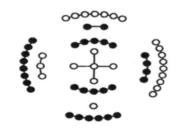

4. 太虛

太虛無形，
氣之本體，
其聚其散，
變化之客形爾。

由太虛有天之名，
由氣化有道之名。

太虛不能無氣，
氣不能不聚而為萬物，
萬物不能不散而為太虛。

5. 太虛即「氣」

太虛、氣、萬物乃同一物質實體的不同狀態。

6. 陰陽

陰陽之氣，

或實，或虛，或動，或靜，或聚，或散，或清，或濁，終究
是一而已。

7. 氣和神

分散各異，而可象為氣，
渾然清通，而不可象為神。

8. 氣化 ENERGY and MATTER 轉換

萬物之始，
皆氣化，即形。
然後以形相禪，
有形化。
形化長，
則氣化漸消。

9. 形・無形

有形物質＝無形空間

氣的聚散循環本身不減不增，
氣散入於無形本非有減……
氣的聚為有象本非有增……
有如海中升起的無量數泡沫，
生出於海，消失於海！
由水所生……
也還原為水，
不自離於海水，
也不增減海水！

第四節　印度的佛陀時空觀

1. 佛教三法印

諸行無常，
諸受皆苦，
諸法無我。

佛教建立在：

「諸行無常，諸受皆苦，諸法無我。」

這三條毋庸置疑的真理上，
而這三條真理便是佛教「三法印」！

2. 諸行無常

　　凡是存在，必產生「生、
住、異、滅」的變化。

　　在世界中，「永恆」是不存在
的……

3. 諸受皆苦

　　於現象中，任何感受，無論好、壞、苦、樂，都是現在或將
來產生「痛苦」的成因……

4. 諸法無我

　　要消除「苦」，最正確的方法就是無我。

　　無我，苦便沒有地方可以附著！

5. 無量大數

古代東方的智者們早知道與天地宇宙相比，人非常渺小。因此他們把數描述得很大很大，從自然數 1 開始有 20 個 0：

一、十、百、千、萬、億、兆、京、垓、秭、穰、溝、澗、正、載、極、恒河沙、阿僧祇、那由他、不可思議、無量大數。

無量大數是古印度計數單位中的最大數量，意思沒有再大的，即：10^{68}。

無量大數又可再細分為無量、十無量、百無量、千無量、大數、十大數、百大數、千大數。

元代朱世傑的《算學啟蒙》首度記載無量大數。無量數是「不可思議」（10^{120}）的萬萬倍（10^{128}）。

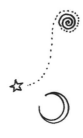

　　日本《塵劫記》一書自寬永八年出版首度記載無量大數。「恒河沙」以降萬萬進位：

10^{66}= 百不可思議	10^{87}= 千萬不可思議	10^{126}= 百萬不可思議
10^{67}= 千不可思議	10^{88}= 一無量大數	10^{127}= 千萬不可思議
10^{68}= 一無量大數	10^{89}= 十無量大數	10^{128}= 一無量數
10^{69}= 十無量大數	10^{90}= 百無量大數	10^{129}= 十無量數
10^{70}= 百無量大數	10^{91}= 千無量大數	10^{130}= 百無量數
10^{71}= 千無量大數	10^{92}= 一萬無量大數	10^{131}= 千無量數
10^{72}= 一萬無量大數	10^{93}= 十萬無量大數	10^{132}= 一萬無量數
10^{73}= 十萬無量大數	10^{94}= 百萬無量大數	10^{133}= 十萬無量數
10^{74}= 百萬無量大數	10^{95}= 千萬無量大數	10^{134}= 百萬無量數
10^{75}= 千萬無量大數	10^{96}= 萬萬無量大數	10^{135}= 千萬無量數

第五節　世界有多大

1. 三千大世界

2500 年前，佛陀的宇宙觀就已經很先進，也非常接近真實。他認為我們所存在的世界只是三千大世界中的一粒微塵。

1000 個我們的世界稱之為一「小世界」，

1000 個「小世界」為一「中世界」，

1000 個「中世界」為一「大世界」，

總稱之為「三千大世界」。

「三千大世界」等於我們世界的 1000000000 倍。

2. 三世諸佛

由過去、現在到未來的智者們，竭盡一切思維奮力地思索、觀測、實驗，以求瞭解宇宙物理和生命的終極真理……

觀自在菩薩行深般若波羅密多時……

從前有一位擅長思維的修行者，他進入最深層思考，思想有關人和世間的一切問題……

照見五蘊皆空，度一切苦厄

空間是什麼？
物質是什麼？
時間是什麼？
宇宙是什麼？
生命是什麼？

諸法空相，不生、不滅、不垢、不淨、不減、不增

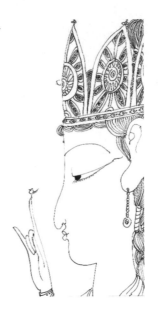

宇宙及其所有一切是真實不虛……
還是只是毗濕奴的虛幻夢境？

空中無色無受想行識

我是真實存在？
還是自己妄想出來的假象？
如果宇宙世界是真實不假，
那麼存在的定義是什麼？

無眼耳鼻舌身意

存在只是生、住、異、滅的過程而已……
對無限大的宇宙空間與無窮無盡長的時間而言：

任何存在都只是有如聚沫浮泡般的短暫現象！

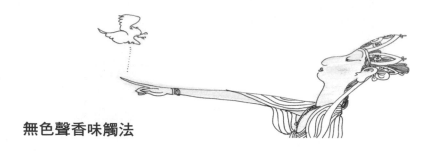

無色聲香味觸法

無論宇宙空間有多大，我們只能立足於自己所存在的一足之地。

無論我們還可以活多久，我們永遠都只能兌現此時、此刻的微小剎那，無法提前兌現未來，也無法回到過去從前。

生命的實相

人的一生，是所有連續不斷的微小片段、剎那、瞬間相加之和而已。

因此我們要體悟到一個事實，那就是：

過去之心不可得，
現在之心不可得，
未來之心不可得。

唯有無我地融入於此時、此地、此刻，而不是嚮往未來或悔恨過去從前。

第六節　時間在變化中存在

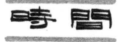

1.「長劫入短劫」

長時間初始於短時間，短時間蘊涵於大時間之中！

2.「短劫入長劫」

如果沒有人，沒有人的意識、思維⋯⋯
便不會察覺時間的存在！

過去

現在

未來

3.「一劫入一切劫」

但時間的確存在於客觀事實中，只要有變化，時間便會隨同變化一起存在。

記錄著變化的過去、現在、未來！

時間三世即是：過去、現在、未來！

云何過去世？若法已滅，是名過去世。
云何現在世？若法生已而未滅，是名現在世。
云何未來世？若法未生未起，是名未來世。

4.「長劫」最大的時間大於 1000 億年

　　如果我們的心沒有思想，也沒察覺思維的變化，那麼我們也不可能察覺時間流動……

5.「短劫」最短的生滅短於十億分之一秒

　　時間存在於現象的變化之中，現象的生、住、異、滅即是時間的流程。

6. 時間是記錄變化的流程

如果我們

看到的蛋，一直都只是蛋。

看到的蟲，一直都只是蟲。

看到的蝴蝶，一直都只是蝴蝶。

我們就不可能知道，它們三者是一樣的東西。

7.「芥子納須彌」

永恆始於剎那，森羅萬象始於因緣。

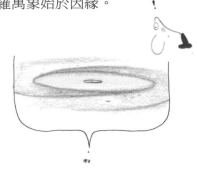

8. 大千世界入一微塵，一微塵如三千世界。

大空間納入於微小之點，微小空間有如：最大的全宇宙空間！

一顆原子裡面隱藏著宇宙的真理，原子的電子雲如同宇宙中的星系。

第七節　佛陀的空間觀

云何名為眾生世界？

世為時間遷流，界為空間方位。

當知東、西、南、北、東南、西南、東北、西北、上、下為界。方位有十，流數有三。

1.「世、界」即「時、空」

當知過去、現在、未來為世，世即是時間的流程……

當知此處、彼處、他處為界，界即是空間的方位……

2.「世、界」＝「時、空」

世即是時間的流程，界即是空間的方位，因此叫做世界。

空間正如其名，即中空的間隔。

空間可以容納物質，而物質與物質之間的空隙，即為空間。

宇宙中有無窮多的微塵，故沒有完全的「空」，物質裡有無窮多的空隙，故沒有絕對的「色」。

第八節　佛教的宇宙觀

1. 諸行無常

一切有為法，如夢幻化影，如露亦如電，應作如是觀。

2. 諸法無我

在宇宙中……

人是什麼？

對無窮而言，他是「空無」！

對空無而言，他是「一切」！

人站在無窮與空無之間，

存在剎那片刻現象瞬間。

3. 諸法空相

一切現象都只是因緣和合而生，

隨著時空條件變化而生、住、異、滅流變不拘，

「永恆」是不存在的。

4. 五蘊皆空

存在是一時現象，無論那一時有多長，存在是一種形式的存有，無論它的形體多寬廣，存在只是一時條件的聚合因緣和合而生。

當因緣條件消逝時，便回歸本然的空狀態。因此存在只是成、住、壞、空的過程。

5. 遠離顛倒夢想

人喜歡怪力亂神。

人也喜歡以自己的本位立場思考事物。

人常一廂情願地希望事情有如自己的期待。

也因此經常陷入顛倒夢想的狀態。

6. 應無所住而生其心

思考不能先存有自己的主觀想法，應該先拋棄自己的立場與過去經驗，以全新的角度來看事物，才能看清真實。

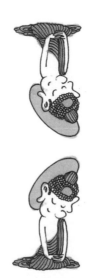

7. 色不異空、空不異色

　　色與空是一體兩面相互依存相融不離的，宇宙中心沒有單一的色或單一的空存在。

最終真實的本質是：「不生，不滅，不垢，不淨，不減，不增！」

　　質量、能量不能無中生有，也不會無端消失，它們沒有好壞、乾淨、骯髒的分別。也不會減少，不會增加，只會相互聚合或分裂轉化。

一切因緣生，一切因緣滅！

　　宇宙中所有一切現象都因主客觀條件形成而產生，同時也因條件改變而消逝。一切生滅，起源於時空條件的改變。

一切存在都是生命！

宇宙中所有一切，包含粒子、原子、星體、星系和宇宙本身……

都有如生命實體一樣，具有維生系統和生存的壽命週期。

8. 萬物皆有靈性

一切都來自於本原，凡是來自於本原都具有相同的靈性，生命即存在的時間長度和變化過程：「**生、住、異、滅，成、住、壞、空。**」

任何具有此特性者即為生命。

9. 眾生平等

任何存在，都是宇宙中的一剎那現象，因相對條件成立因緣和合而生；只有大小長短之別，沒有貴賤高低之分。

一切以「大一」為依歸！

一即 all one 混沌不分，是宇宙天地之始，是萬物之母。

10. 萬法歸一

任何存在都只是一時現象，如白駒過隙一般的短暫……

一切現象都來自於本原，也將回歸於本原。

一切也都將回歸於初始。

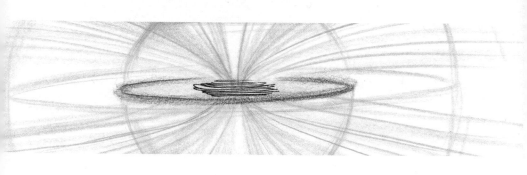

第三章
數學是真理的語言

數學是通行於真理國度的語言。
發現真理如同置身於充滿光芒的天堂，與諸神同在。
但在這之前，得先學會如何思考、如何使用真理的語言。

第一節　思考是進入真理之鑰

　　如果我們看到的蛋，一直都只是蛋；看到的蟲，一直都只是蟲；看到的蝴蝶，一直都只是蝴蝶。

　　我們就不可能知道，它們三者是一樣的東西。

　　如果我們只看到蝴蝶永遠是蝴蝶，那麼我們便不會知道：蝴蝶、蟲、蛋的過去，現在，未來。

　　研究宇宙如同我們看到蝴蝶，要憑空想像蝴蝶是什麼？它從哪裡來？它要去哪裡？

　　我們就像早已看到答案，但不知道問題是什麼一樣。我們知道：「問題比答案重要。」但有誰能告訴我們：「問題是什麼？」

　　我們無法以接近光速的速度飛行，也無法親自到太陽表面或核子內部去實地考察。無法到現場丈量兩顆相隔遙遠的星星的距離，我們只能觀測來自億萬光年遠的星光研究宇宙。

　　研究宇宙物理只能像過去先哲哥白尼、克卜勒、伽利略、牛頓和愛因斯坦一樣，藉由過去已經確實掌握的有效數據，洞察隱藏其中的規律，再經由邏輯歸納演繹找到宇宙運行的一切真理。如同洪荒時代的夜晚，先民們仰望著夜空星光細說天地宇宙一樣，我們理解宇宙只能藉由觀測所得來分析推測。

　　然而面對著滿天星斗，我們只能透過光的傳遞，才能連接觀察者與所觀察的對象，藉此推導出星體的質量、速度、重力、距離、週期、時間等物理要素。

　　光是宇宙中最普遍的物理現象，無論我們生存於宇宙任何時空，所看到的光現象都是一樣的。宇宙其他不同時空的智能生物科學家們，他們掌握到的光效應也將跟我們所看到的相同。

　　光是宇宙間的共同語言，光是宇宙的唯一尺度，思想實驗始於觀察，觀察必須透過光波的傳遞。

　　對光正確的瞭解是思想實驗的第一步，如果真能洞察光波的實相，抵達宇宙真理的路就不遠了。光是理論物理最重要的令牌，一切以光為依歸。

　　宇宙很大，時間很長，星光很遠，光速很快。研究宇宙時空的理論物理時，很難期待能從實驗中獲得大量的宇宙數據和億萬光年遠的星體資料。

如果我們能透過大腦的思考，便能辦到老子所說的：

不出戶，知天下，
不窺牖，見天道。
其出彌遠，其知彌少。
是以聖人，不行而知。
不見而明，不為而成。

我們能從過去所觀測的數據和確定已知的部分展開思考，就有可能由此進入神的殿堂見到真理，因為深層思考就是進入真理之鑰。

例如，我的生日是二月二日，今年的二月二日是星期二。稍微想一想便可以想出端倪來：

如果二月二日是星期二，那麼三月二日必然也是星期二！因為二月通常只有二十八天，所以與三月一樣。然後知道四月比三月多出三天、五月比四月多出兩天，再依此類推……便知道一年365 天任何一天是星期幾！

三月二日是星期二、四月二日是星期五、五月二日是星期日、六月二日是星期三、七月二日是星期五、八月二日是星期一、九月二日是星期四、十月二日是星期六、十一月二日是星期二、十二月二日是星期四。

　　一年有 365 天＝ 52 個星期又一天，所以知道今年 365 天任何一天是星期幾，便可以知道去年和明年的每一天是星期幾！因為去年少一天，二月二日是星期一；明年多一天，二月二日是星期三。然後歸納二月份 29 天的閏年規則，任何 4 除得盡的那一年是閏年，100 除得盡的那年不閏，400 除得盡的那年又是閏年，以除數最大法則為依歸，例如西元 2000 年 4、100、400 三種都除得盡，因此是閏年。西元 1900 年 4、100 都除得盡，400除不盡。最大除得盡數是 100，所以那一年是閏年。

　　於是便可以通過數學簡單寫出任何一天是星期幾的數學公式。由 1991 年到 2101 年 200 年間，任何一天求星期幾公式：

$$n=\left(\frac{d-15+(Y-1)\times 1.25}{7}-i\right)\times 7$$

由西元元年到西元無窮年，任何一天求星期幾公式：

$$n=\left(\frac{d+(Y-1)+\left(\frac{Y-1}{4}\right)-\left(\frac{Y-1}{100}\right)+\left(\frac{Y-1}{400}\right)}{7}-i\right)\times 7$$

n＝星期幾

Y＝所要計算之年（例如 1948）

d＝由年初 1 月 1 日到要計算的日期總日數（例如 2 月 2 日，
　　d＝33）

i＝之前項的整數部分

Ps：公式的所有數都只取整數，所有的小數點後面都不要。

例如：（2010－1）÷4＝502.25，只取 502。

問題：求西元 1948 年 2 月 2 日是星期幾？

n＝[（33－15＋1947×1.25）÷7－前項的整數部分]×7

　＝[（18＋2433）÷7－前項的整數部分]×7

　＝（350.142857－350）×7＝0.1428571428×7＝1

　或

n＝[（33＋1947＋1947÷4－1947÷100＋1947÷400）

÷7－前項的整數部分]×7

　＝[（33＋1947＋486－19＋4）÷7－前項的整數部分]×7

　＝（350.14285714－350）×7＝0.1428571428×7＝1

答案：1948 年 2 月 2 日是「星期一」。

第二節　打開真理之門

數學是真理的語言

　　有一個數學方法，能由一到無限都成立便是真理。真理要透過數學描述，數學是通行於真理國度的語言。

　　同樣的一個以數學呈現的物理方程式，如果它能通行於過去、現在、未來所有的時間，在此處、彼處，在宇宙任何空間都適用，能由氫原子到宇宙都成立的，便是真理。

　　發現真理如同置身於充滿光芒的天堂之中與諸神同在，這便是通過思考打開真理之門的例子，也由此發現思考的無窮威力。

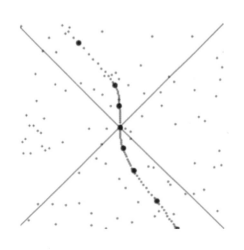

第四章
重整牛頓力學

　　整部物理史幾乎是由 300 多年前牛頓的《自然哲學的數學原理》展開的，直到今天登月太空船的行進路徑軌道，都還是遵循牛頓力學的法則運作。然而，如果我們將整部「牛頓力學」放到全宇宙上，裡面的物理規則還會適用於全宇宙嗎？

一把尺如何 ÷ 沙漏數＝速度？

第一節　重整牛頓力學為宇宙統一形式

　　1989 年 9 月 3 日我閉關研究物理時，就由牛頓力學與愛因斯坦的狹義相對論開始著手。由於整部物理學幾乎是由牛頓的《自然哲學的數學原理》展開的，牛頓對物理的貢獻大概是有史以來沒有人能比得上的了。

　　讀完牛頓生平和牛頓力學後，對於他能夠在 23 歲輕狂年齡，便能利用學校因為歐洲黑死病流行而停課的短短兩年中，一個人獨力發現光學理論、微積分、萬有引力和力學方程，除了佩服他實在太厲害了之外，發現整部牛頓力學有很多人為物理量，例如：克、千克、立方釐米、平方米、公里、地球人類定義的時間單位「秒」等單位和人為的牛頓重力常數 G ！

牛頓力學所引用的公式也很人為，例如：

　　密度＝克質量 ÷ 立方釐米體積

　　重力＝千克質量 × 牛頓重力常數 G÷ 平方米面積

　　離心力＝速度平方 ÷ 半徑（一單位速度得依地球上的秒來計算）

　　克質量如何除以立方釐米體積？

　　千克質量如何除以平方米面積？

不同單位如何相互乘除？

無端生出的牛頓重力常數 G 又該如何解釋？

　　把牛頓力學發表到宇宙科學雜誌，相信宇宙中的外星科學家們看了會一頭霧水。因為他們一定無法理解地球人類所定義的重量（克）、時間（地球秒）、距離（米）、光速（300000 公里）、密度（以水密度為標準 $\rho=1$）等諸多不同單位。更不會明白重力、密度等物理公式為何由不同單位相互乘除所得來。在沒有宇宙不同語言翻譯條件下更不容易理解。

　　於是，如何將牛頓力學所使用的單位，統一為全宇宙共同的物理語言，就成為我的思維主題。

如何將力學公式寫成普適全宇宙所有外星人共同的形式？

如果有上帝，上帝的物理手冊裡的物理公式會怎麼寫？

什麼是上帝物理手冊中最重要的物理符號？

　　如果能有幸一窺神的物理手冊，相信裡面的物理符號、公式一定非常優美簡潔。尋找宇宙內在的統一規律，是我一生中最重要的夢想！

　　閉關期間，白天看物理史與重要的物理經典、做數學計算，每天凌晨一點起床站在窗口，聆聽那來自遙遠宇宙的細微低語……

萬法相依的宇宙韻律

我始終相信：描述物理真理所需要的物理符號一定很少，正確的終極公式一定很短。如果找到宇宙統一物理語言，裡面的方程式會有如詩歌般的優雅、簡約、美麗。

一法生一切法，一切法歸一法，萬法相依相續。

所有的物理量一定能夠相互轉換，力學公式也必定只會以一種單位來描述。

由單一公式所求出來的答案必定能涵蓋最大的宇宙本體、星系、太陽到最小的原子、光子一路到底都能成立。

質量＝速度平方 × 半徑

密度＝速度平方 ÷ 球體表面積

週期＝公轉周長 ÷ 公轉速度

重力＝速度平方 ÷ 半徑

星體表面溫度 $T = \dfrac{質量}{(8\pi 半徑)^2}$

第二節　尋找通行全宇宙的統一物理語言

1. 東方思維

如何找到通行全宇宙的統一物理語言？

首先得先有顆會思考的心！

但在這之前，得先有生命。

　　當初什麼都沒有，天地一片漆黑，在漆黑中只有微塵。微塵很多很多，比無窮多，比恒河沙數多，比那由他數還多，比不可思議還要多，比無量大數還更多，一切都是微塵！除了微塵之外，還有一個神！

　　神說：

　　「要有光！」

　　於是便有了光！光遍照一切國土宇宙中，沒有光抵達不到的地方。

　　神看光是好的，他很高興。神便接著說：

　　「要有水！」

　　於是便有了水！宇宙一有了光有了水便再也阻止不了生命的誕生。

　　神又接著說：

　　「要有生命！」

　　於是便有了生命！

　　有光有水有生命後，於是便有了愛問問題的人類！

　　人類很麻煩很愛問問題，老是喋喋不休問個不停。

「請問什麼是宇宙運作的規則？」

人有顆能思想的心，有無窮多的宇宙問題問個不停！人是不乖的，不肯單純地活著老去。因為他頂著一只會思考的蘆笛，每天在已知和未知之間徘徊。

「宇宙有多大？宇宙有沒有邊界？宇宙是不是最大的體系？還是它只是另一個更大更大母宇宙裡面的一個小質點？」

宇宙中，有生命的地方必然有光、有水。有光、有水、有顆能思想的心，便可由光速和水密度思考出物體運動背後隱藏的規律……

但什麼才是宇宙統一物理語言的基本單位？什麼才是宇宙中最重要的物理符號？

請問宇宙是什麼做的？

2. 萬法歸一，一歸何處？

如果宇宙中的所有外星人，以他所存在的空間以及光和水作為空間、速度和密度的基本標準，便有了宇宙完全統一的物理語言與物理規則。

昔之得一者：

天得一以清，

地得一以寧，

神得一以靈，

谷得一以盈，

萬物得一以生，

侯王得一以為天下貞。

　　　——老子《道德經・第三十九章》

第三節 如何建構統一的物理語言

宇宙的任何外星人，應該都可以從星球上的氣象變化中發現：

$$n$$

一個質量體系，是由有形物質在無形空間中「有無相生」展開的，質量體系的外形體積是內在作用力、速度、半徑的外在形式展現。

然後悟出質量體系的正確描述方法：質量＝速度平方×半徑（$m = e^2 n$）。

一段長度 n 是幾何真實，任何外星人所看到的長度都相同，只是稱它為多少單位不一樣而已。宇宙統一物理語言就由一段幾何真實的長度 n 開始發展開來！

1. 一個外星人在自己所存在的星球上，他會看到什麼？

他看到自己存在的星體與衛星之間的公轉半徑 n 與公轉週期 t 和公轉速度與光速之比 e，如果他依：

質量＝速度平方 × 半徑（質量 $m = e^2 n$）

密度＝質量 ÷ 體積（密度 $\rho = \dfrac{3m}{4\pi n^3} = \dfrac{3e^2 n}{4\pi n^3} = \dfrac{3}{4\pi}\left(\dfrac{e}{n}\right)^2$）

於是他會得到以下的數據資料：

質量 $m = e^2 n$

密度 $\rho = \dfrac{3m}{4\pi n^3} = \dfrac{3e^2 n}{4\pi n^3} = \dfrac{3}{4\pi}\left(\dfrac{e}{n}\right)^2$

當密度＝ 1 時，質量＝體積。

$e^2 n = \dfrac{4\pi}{3} n^3$

$n = e\sqrt{\dfrac{3}{4\pi}}$

當密度 =1 時，公轉週期為不變常數 $=\sqrt{3\pi}$

$t = \dfrac{2\pi n}{e} = \dfrac{2\pi e\sqrt{\dfrac{3}{4\pi}}}{e} = \sqrt{3\pi}$

由此他便可以發現：當星體密度＝ 1 時，

半徑 n 與速度與光速之比 e 有一定比例：$n = e\sqrt{\dfrac{3}{4\pi}}$

公轉週期是不變常數：$t = \sqrt{3\pi}$

　　於是他便可以由自己所存在的星球的已知密度和先前自己所定義的單位秒時間、公里長度、光速，求出一路到底、全宇宙統一的物理量。

　　以地球為例，我們地球人自己原先所定義：地球半徑 $R=$ 6378 公里，平均密度 $\rho = 5.499726615$。

　　當地球半徑為 $R = 11258.0943$ 公里時，密度 $\rho = 1$，公轉週期 $t = 11831.58912$／地球秒。

　　由原本密度＝1 時，公轉週期：$t = \sqrt{3\pi}$。便會算出宇宙一單位標準秒＝宇宙秒的 3853.96278 倍，所以一單位宇宙標準光速＝300000 公里×3853.96278／宇宙秒＝1156188834 公里／宇宙秒。

天得一以清
第一空間 $S=1$

神得一以靈
光速 $C=1$

萬物得一以生
水密度 $\rho=1$

　　如果我們把慣性「色空場」當作空間 1，一單位時間光所行進的距離當作 1，同時也把水的密度當作 1；由 3 個值 1 所構成的宇宙，那麼有沒有可能組合成一組全宇宙統一的物理符號與統一的物理語言？

2. 三個一的「統一方程式」

　　宇宙物理即是描述：物質能量在時間、空間的運動變化。力學的真正內涵是：所有質點的相對運動。

　　光速 $C=1$、水密度 $\rho=1$、第一空間 $S=1$

　　剛好處理了時間、速度、物質、空間的所有質點相對運動問題。

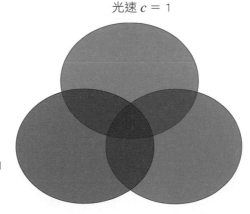

光速 $c=1$

第一空間 $s=1$　　　　　　　　　　　　水密度 $\rho=1$

第四節　三位一體的宇宙

　　速度、密度、空間三種物理單位得一。宇宙統一物理語言的方程式便得以展開，全宇宙任何時空的外星人們，都能以相同方法研究物理，探究物體運動背後隱藏的規律。以下便是這本《東方宇宙》所要談的主要內容。

　　天地無私，它敞開胸懷傾吐秘密，不吝給予觀察者數據來證明揭露宇宙的真相。

　　人是研究物理的幸運兒！地球表面是個物理觀察的天堂。在地球上幾乎可觀察到一切物理現象！現象是物理效應所呈現出來的答案，但什麼才是問題？

　　我們已經可以用哈伯太空望遠鏡來看宇宙。

　　但宇宙到底是什麼？

　　時間是什麼？

　　物質是什麼？

　　空間是什麼？

1. 空間是什麼？

牛頓說：

「絕對空間，與外在的情況無關，始終保持著不變。絕對時間，獨立均勻地流逝與任何外在情況無關。」

空間、時間和外在的情況，三者是相互獨立的。空間的延伸、時間的流逝，都是絕對的。

絕對空間像一個可以放進物體的空箱子，宇宙如同一個無限擴大的箱子，這就是牛頓的絕對空間。

馬赫反對牛頓的絕對空間，馬赫認為：

「空間本身並不是一件東西，空間是物質之間的距離的總體抽象概念。」

2. 色與空

物質是什麼？我們不像自己所以為的，那麼瞭解物質。

空間是什麼？我們不像自己所以為的，那麼瞭解空間。

空間與物質不像想像中那麼好分辨。

空間與物質是一體兩面。

密度大一點時，我們把它看成色！

密度小一點時，我們把它看成空！

　　完全的絕對空，只有在歐幾里得幾何才存在。在宇宙中，我們所稱謂的空間不是絕對的空，其內必含有色存在。我們所稱的物質裡一定含有空存在。宇宙中沒有絕對的空，也沒有絕對的色。空間與物質不異：空即是色，色即是空；空中有色，色中有空。

其實我們真的不像自己所以為的，那麼瞭解質量與空間。

　　宇宙中沒有完全的真空，也沒有完全的物質。宇宙任何地方都是空中有色，色中有空。

　　宇宙中各級質量體系，必有一定的有效作用力範圍，例如我們稱：

　　宇宙半徑＝135 億光年，銀河系半徑＝5 萬光年，原子核半徑＝1×10^{-18} 公里。

　　如同一塊磁鐵四周有磁場一樣，無論我們把磁鐵移向任何位置，磁場必然隨著磁心位移。相同的質量體系也是如此，任何質量體系必有一定有效作用力範圍的場，質心運動位移時，場也將隨著質心同步移動。

　　由銀河系、太陽系、地球，我們知道質量場是以盤面迴旋速度平方 × 公轉半徑的形式存在，無論太陽繞銀心公轉或地球繞太陽公轉，盤面公轉速度平方場永遠隨著質心位移與質心同步慣性運動。

　　魚得水游，而相忘乎水。

　　鳥乘風飛，而不知有風！

　　水是物質，但是水是魚的生活空間。

水是物質啊！

　　同樣是水，對人和對魚見解各有不同。

　　　　水是我們運動空間！

3.「色中有空」

原子核看似物質，但質量只佔原子體積的一兆分之一。

1 立方釐米體積的大氣看似空無一物，但卻有八百分之一的氣體。

空中有色，色中有空

形體＝質量、能量的外在展現

至大無外，至小無內。
任何有外，任何有內，
都同時是物質也是空間。

太陽對銀河系說：

「你是我存在的空間，我是地球存在的空間。地球又是人存在的空間，人又是微生物存在的空間。微生物當然是更小病毒存在的空間。但什麼是空間？」

銀河系回答說：

「我們自以為自己是物質，其實任何物質也是更小物質的空間。空間與物質是一塊錢幣的兩面，時間與速度也是如此，是無法分割的。」

人間神說：

「地球看起來是物質，但我們存在於地球表面。
人看起來也是物質，但還是數以萬億微生物的載體。
它們隨著我們行動，住在我們裡面，拿我們當食物。

知道了『色即是空，空即是色；色空不異，色空相生』。
然而，應該用什麼正確方法來描述這個色空質量體系？」

神回答說：

「不用往外尋求真理，真理不在天邊，真理就在你眼前。
真理藏在大自然裡，真理就在你的周邊，等著你去發現！」

由颱風看出：質量體系＝速度平方 × 半徑

從一個暴風半徑 400 公里、颱風風眼半徑 20 公里、迴旋時速 132 公里的颱風，我們看到什麼？

我們看到質量體系的描述方法！

質量體系＝速度平方 × 半徑＝內含種種作用力的三維空間體積

速度、形體＝質能與作用力疊加之和

海水溫度達攝氏 26.5° 以上時，颱風會在離赤道超過 5 個緯度以上的地區生成，科氏力的強度使吹向低壓中心的風偏轉並圍繞其轉動，環流中心便因而形成。

一個質量體系是由：色（高溫水氣）空（颱風之形）有無相生，因緣和合而成。颱風的暴風半徑、風速構成的色空三維體積＝形成颱風條件疊加後的威力總和！

色即是空、空即是色！

由颱風的暴風半徑和迴旋速度很容易便可以想出來：用速度平方 × 半徑來描述質量！

色空場體積＝作用力範圍的外在展現＝速度平方與半徑的積！

例如我們由已知的地球質量求太陽質量，公式便是通過這種形式表示：

$$\frac{\text{地球公轉速度平方} \times \text{地球公轉軌道平徑}}{\text{月球公轉速度平方} \times \text{月球公轉軌道平徑}} = \text{地球質量} \times 331648.69$$

空間＝色空場作用力的外在展現

質量＝盤面公轉速度平方 × 半徑
色空場＝作用力範圍內的總體積

由颱風、銀河系、類星體的空間圖形，我們應該可以看出來：「空間＝作用力範圍內的總體積」一個質量體系，勢力範圍有多大？作用力有多大？它展現出來的體積就有多大！

在這作用力範圍體積裡，空間與質量交織在一起，空間形體＝色空場作用力的外在展現！

物質與空間合為三維體積是什麼？

　　質量＝速度平方 × 半徑，

　　因此，

　　質量＝三維體積＝空間，

　　質量＝二維速度＋一維半徑＝三維。

　　這種描述方法，更接近由條件和合而生成的色空場的實質內在，也同時描述了場的三維體積。

　　我們可以把質量描述成一個立方體，立方體的三個邊是：速度 × 速度 × 半徑，質量便成為二維速度＋一維半徑的三維立方體了。

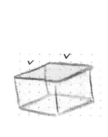

慣性「色空場」＝第一空間

　　這使得質量以三維體積形式呈現，這也非常合乎我們所看到的實際狀況。

　　如：內含旋轉速度、半徑和模糊外圍邊界的颱風總是帶著旋轉的低壓水汽雲團在空間中橫行。

　　於是就變成：

　　質量＝空間，空間＝質量，色即是空，空即是色，色不異空，空不異色。

　　與質心同步運動的整個盤面，我們姑且稱這體系為：慣性「色空場」第一空間。

4. 第一個「一」

與光源同步運動的空間＝第一空間

　　麥克斯威爾的電磁學方程式的真空光速為恒定不變常數 C，無法在伽利略變換下，從一個坐標系變換到另一個坐標系光速保持不變。

　　當時的科學家們認為：光波需要特殊介質傳播，從而提出了以太假說。美國物理學家麥克爾遜—莫雷，為求出地球相對於以太之海的相對速度大小，而做了多次精密的光波實驗，結果證明：慣性系中任何方向光速都相同。

　　這表示以太與慣性系之間的相對速度等於 0，或是宇宙根本沒有以太，光波純粹只運動於實驗室空間。

從這段歷史，我們看出了什麼？

首先：

在所有慣性系中，物理定律有相同的表達形式。光波傳播的物理定律與聲波、水波也應該都相同。聲波、水波從一產生便分別以自己的常數波速在空間中傳播，與波源運動無關。因此在伽利略變換下，從一個坐標系變換到另一個坐標系，波速保持不變是不可能的。

麥克斯威爾的電磁學方程式中的真空光速為恆定不變常數 C，在伽利略變換下波速保持光速 C 不變也是不可能的。聲波、水波的例子中，我們不要求在伽利略變換下，波速保持常數不變。何獨要求光波要保持常數？

這違反了第一條定律：「**在所有慣性系中，物理定律有相同的表達形式。**」

麥克爾遜—莫雷的 0 結果實驗證明：慣性系中任何方向光速都相同。

這表示以太與慣性系之間的相對速度等於 0，或是宇宙根本沒有以太，光波純粹只運動於實驗室空間。

現在我們知道宇宙沒有絕對空間中的以太之海，以太是科學家自己虛擬的。

那麼光波為什麼和運動中的地球沒有相對速度？

　　光波從一產生便與波源的運動狀態無關。在麥克爾遜─莫雷實驗的例子中：波源、波傳播的路徑與最後接收波的觀測點都在完全相同的實驗室空間裡，它們三者相互之間的空間位置沒改變。等同於波源的運動速度＝ 0。

　　如同停在鐵道中間不動的火車所發出的汽笛聲波，傳到前後兩位相同距離不動的觀察者時，聲波傳播的時間相等，波長也沒改變一樣。因為三者都存在相同的不動空間。

但地球公轉速度不等同於波源的運動速度嗎？

因為實驗室中的光源與光路徑和最後觀測點三者，都同處於地球同步運動的慣性空間！

在同步空間裡，如同靜止不動的空間一樣。例如音速飛機裡的飛行員所聽到的噴射引擎聲波長不會改變，當聲波傳到飛機外，才在外面的天空形成四向不同波長的多普勒波球往外傳播。

而這與波源同步運動的空間，我們稱它為波產生的「第一空間」！

例如太陽帶著地球同步繞銀心公轉，無論地球公轉到太陽的哪一個方向，所觀測到的陽光波長都不會改變。相對於太陽波源，地球存在於與陽光波源同步的「第一空間」。

從另外一個角度思考：

我們也知道宇宙中沒有牛頓的絕對空間，光產生後第一個可以作為運動基礎的，理所當然是波源所存在的空間，當光擴張到非波源同步空間後，才會依物理條件改變。不可能在光產生剎那，就預先得知光源空間與牛頓絕對空間之間的相對速度，然後遵守絕對空間的規律來推斷相對於自己所誕生的光源空間。更何況宇宙中沒有所謂的牛頓絕對空間。

第一個一：色空場＝第一空間

與光源、觀察者一起同步慣性運動的空間即「第一空間」，凡同屬一同慣性運動的所有物體即為同一體系，這個同步運動空間我們可稱之為「第一空間」。例如伽利略大舟內的一切物體，例如隨地球自轉的大氣層以內和隨地球公轉的月球。太陽半徑70 萬公里，太陽半徑 25000 倍遠的奧爾特雲區以內，整個盤面都隨同太陽繞銀心公轉，這整個圓盤都算太陽系的「第一空間」。

慣性「色空場」第一空間裡面的物理法則與完全靜止的不動空間一樣，如同高速行進的伽利略大舟，或以兩倍音速飛行的協和飛機裡面有如靜止空間，所有的物理法則在第一空間裡不變，光波的傳遞也是如此。如以音速行進的火車汽笛聲，乘坐在車廂中與車同步運動的乘客所聽到的音波，因為與波源同步運動，不會因為自己的速度而改變音波的波長。

$$波長變化 \Delta\lambda = \lambda \frac{觀察者\,B\,接收到波時，波源\,A\,與觀察者\,B\,之間的距離}{波源\,A\,輻射波時，波源\,A\,與觀察者\,B\,之間的距離}$$

由麥克爾遜–莫雷 0 結果實驗證明：雖然地球在自轉、公轉，在地球慣性「色空場」的第一空間之內，兩道行進於等長度、不等方向、不同路徑的光波會同時抵達終點，它們的波長、頻率、波速不因為不同路徑方向而改變，證明在同步慣性「色空場」的第一空間之內，所有的物理效應等同於不動的空間！

在第一空間裡：所有的物理效應不變。

　　在第一空間裡，等同於空間絕對靜止：如人乘坐於伽利略大舟中而不自覺，舟內的水波、聲波和一切物體都與大舟同步慣性運動。

　　在慣性空間裡的所有物理效應和聲波、水波的傳播，都與慣性空間的速度大小完全無關，如同這空間是靜止的一樣。例如原子如果是由核心奇點發光，光必然同時輻射到原子球體表面，無論該原子以多快的慣性速度，朝向任何方向運動。原子球體和繞行電子的原子軌域都屬於該原子的第一空間。

第一空間之外：任何波的傳播必遵守多普勒效應。

在協和超音速飛機客艙裡的相互傳播的聲波、水波，不因飛機的慣性速度而改變波長和傳播速度。但是當客艙的聲波傳出機艙外後，聲波便依多普勒效應，在各傳播方向改變波長。

因此我們在第一空間裡面做相互運動時，便應把空間視為絕對靜止；與第一空間之外互動時，應把第一空間視為單一質點。如同完全沒有面積、體積一樣，就像當年牛頓把整體質量視為單一點。而把第一空間所運動的空間，視為靜止的第二空間。如協和飛機運動於地球，地球運動於太陽，太陽系運動於銀河盤面。

5. 第二個「一」

　　如果地球是由水所構成的，水星球半徑＝ 11258.0943 公里。

第二個一：水密度＝1

　　由彗星的數量看來，水在宇宙中並不是稀有的東西。有生命的地方就有水，水同時也是最特別的物質。在攝氏 100 度溫差時，水有固態、液態、氣態三種面目。如果全宇宙的所有外星人把水密度當成 1，當質量正等於三維體積時，便是水的密度 ρ ＝ 1。

　　質量等於速度平方乘以半徑，質量是三維體積，質量的三次方根便等於一維長度距離。

　　於是我們就可以用來丈量一切的宇宙標準尺度。

　　如果我們把所有的力學公式改寫為：

　　質量＝速度平方 × 半徑
　　重力＝速度平方 ÷ 半徑
　　密度＝質量 ÷ 體積
　　週期＝周長 ÷ 速度

　　那麼所有的單位都一樣可以相互乘除加減了。上面的密度、週期公式就是當初牛頓所使用的方法。

　　但速度平方與半徑相乘所得到的積，不等於目前我們所定義的克或千克質量啊！

　　當初牛頓以千克計算質量，所以才需要**重力常數** G 來轉換，是為了使千克質量變成立方米質量：

重力＝質量×G÷半徑平方＝速度平方×半徑÷半徑平方＝速度平方÷半徑＝9.892343632 米／秒^2

　　其實我們是完全不需要牛頓的重力常數 G，便可以簡單以速度平方除以半徑求出重力。

　　但如何把質量描述為適用於全宇宙的統一物理語言？

　　由上式重力公式：**重力＝速度平方 ÷ 半徑**

　　我們與任何外星人都很容易求出宇宙標準的：任何速度與光速之比。但無法求出半徑與光速之比（即需要多少個光速才能通過這段距離），因為這首先得先找到一單位光速的宇宙統一標準長度 C ！

地球質量 $M = 5.977 \times 10^{27}$ 克 $= \dfrac{4\pi}{3} \times 1125894300^3$ 立方釐米
$$= 23040.548 \text{ 平方公里} \times 11258.943 \text{ 公里}$$

密度＝水密度時，

質量＝空間體積，則 $M = \dfrac{4\pi R^3}{3}$。

　　我們便可以重寫牛頓的力學公式，使公式成為沒有牛頓重力常數 G 的合理形式。

例如地球質量便可以描述為：

質量＝23040.548 平方公里×11258.943 公里

重力＝質量÷半徑平方＝速度平方÷半徑＝9.892343632 米／秒^2

牛頓重力常數 G 是多餘的人為常數

由以上的重力公式，我們可以看出其實只要把質量定義為：

質量＝速度平方×半徑

重力＝質量÷半徑平方＝速度平方÷半徑＝9.892343632 米／秒^2

$$重力\ G = \frac{v^2}{R} = \frac{7.943133367\ 公里^2／秒^2}{6378\ 公里}$$
$$=0.009892\ 公里／秒^2$$
$$=9.892\ 米／秒^2$$

　　所求出來的結果與牛頓的重力方程式完全相同，也不需要所謂牛頓重力常數 G 了。如果我們代入的速度、半徑單位是米，所求得的重力 g 也是米。

　　平方米 ÷ 米＝米，重力的米單位來源也就很清楚了。

牛頓力學兩質量間的相互引力的真正內涵是什麼？

　　省去牛頓重力常數 G 的公式更易於理解引力的真諦，牛頓力學引力真正內涵是：質點於任何其他質量體系作用力範圍，必受該體系公轉速度 V 和光速比平方 e^2 影響。兩質量間的相互引力＝質量 1× 質量 2 的盤面速度＝質量 2× 質量 1 的盤面速度。

$$g=\frac{m_1 \times m_2}{r^2}=m_1 \times \frac{m_2}{r^2}=m_2 \times \frac{m_1}{r^2}=m_1 \times v_2=m_2 \times v_1$$

　　（g＝1 宇宙秒時間的作用力，1 宇宙秒＝3853.96278 地球秒）

6. 第三個「一」

第三個一：光速＝ 1

　　把光速當成 C=1 看起來好像很容易，因為任何人都很簡單可以求出任何速度與光速之比 "e"。

　　例如，地球公轉速度 e＝29.86809052 公里÷300000 公里＝0.00009956，

　　地表上空 e＝7.943133367 公里÷300000 公里＝ 0.000026477。

　　但問題是我們稱光速 C＝300000 公里／地球秒，是我們人為規定 1 秒的長度。而真正標準的一單位時間應該是什麼？多長才是宇宙的標準一單位時間？

視之不見名曰夷，
聽之不聞名曰希，
搏之不得名曰微。

時間看不到、聽不到、抓不到。
到底時間是什麼東西？

時間從哪裡來？

如果時間真的存在於宇宙中，那麼：

「時間從哪裡來?」

一單位時間的大小又從哪裡來？

7. 標準一單位光速

莊子說：

「如果當初我們把馬稱為指，把指稱為馬。那麼今天我們說指，就是在說馬；說馬，就是在說指了。」

雖然我們稱光速為 300000 公里／秒，但是如果我們把現在的 1 秒稱為 1000 秒，那麼一單位光速就變成 300 公里／秒。如果我們把 300000 分之 1 秒當成 1 秒，一單位光速就變成 1 公里／秒了。

如何求出宇宙統一的光速 C 長度

幾百年來我們所訂出時間的年、月、日、時、分、秒長度是根據地球繞日公轉和地球自轉得來的，人類自己所定的年、月、日、時、分、秒的時間長度大小，絕非宇宙統一標準。

光速是宇宙中最高速度，無論在宇宙任何地方所看到的光速也都相同。我們所稱的 1 秒鐘等於光行進 300000 公里距離，然而光速 C ＝ 300000 公里／地球秒只是針對我們所定義的 1 秒鐘時間長度而言。

什麼才是宇宙統一標準的一單位時間？

在一單位標準時間中光行進多長距離？

如果，質量＝速度平方×半徑（$M = V^2 R = \dfrac{4\pi}{3} R^3$），

平均密度＝質量 ÷ 球體體積。

當密度等於 1 時，質量＝體積。

以地球為例：

如果我們把質量描述為空間體積形式：質量＝速度平方×半徑＝三維空間體積。

如果我們把水密度 $\rho = 1$ 作為宇宙統一標準，那麼地球就是一顆半徑＝11258.943 公里的水球。

$$5.977 \times 10^{27} \text{克} = \frac{4\pi}{3} \times 1125894300^3 \text{ 立方釐米} = \text{速度平方×半徑}$$
$$= 23040.548 \text{ 平方公里} \times 11258.943 \text{ 公里}$$

由此我們便可以求出宇宙統一標準的光速和標準一單位時間的長度：

$$C = \frac{300000 \text{ 公里}}{\sqrt{1000G}} = 1156188834 \text{ 公里／宇宙秒}$$

$$1 = \frac{1}{\sqrt{1000G}} = 3853.96278 \text{ 公里／地球秒}$$

其實很容易便可看出只要把質量改寫為體積質量，就可以求出標準一單位光速的長度！

找尋宇宙統一的一單位光速方法有兩個途徑：第一種途徑是把星體質量變為水密度＝1，例如，如果地球質量完全是水所構成的，密度＝1 則：

5.977×10^{27} 克質量＝5.977×10^{27} 立方釐米體積＝5.977×10^{12} 立方公里質量，總體積則為：18147.95743 公里×18147.95743 公里×18147.95743 公里＝5.977×10^{12} 立方公里。

如果它是顆圓形水球，
半徑＝11258.0943 公里，
速度＝5.978629913 公里／秒，
我們很容易就可以求出這速度與光速之比 e，
$$e＝\frac{v}{C}＝1.992876639×10^{-5}$$
由速度反半徑平方根公式：$\sqrt{\dfrac{R_2}{R_1}}＝\dfrac{v_1}{v_2}＝\dfrac{e_1}{e_2}$

我們很容易算出地球半徑 11258.943 公里處的公轉速度與光速之比：

e＝0.000019928。由此便可算出宇宙統一標準的光速 C＝23040.548 公里／宇宙秒÷0.000019928＝1156188834 公里／宇宙秒。

另外兩種求出標準光速的方法如下：

$$C = \sqrt{\dfrac{\dfrac{M}{R}}{e}} = \sqrt{\dfrac{\dfrac{5.977 \times 10^{12} 立方公里}{6378公里}}{2.647711122 \times 10^{-5}}} = 1156188834 \text{ 公里／宇宙秒}$$

$$C = \dfrac{300000公里}{\sqrt{1000\,G}} = 1156188834 \text{ 公里／宇宙秒}$$

宇宙統一標準的一單位時間＝ 3853.962 地球秒

宇宙統一標準的光速 C＝1156188834 公里／宇宙秒

$$質量比 = \dfrac{宇宙\ M_\Omega}{普朗克\ M_h} = 3.4 \times 10^{110} = 2^{367.1815323}$$

8. 宇宙星系星體質量表（單位／立方公里）

地球 M＝5.977×10^{27} 克質量＝5.977×10^{12} 立方公里體積＝$2^{42.44255868}$

宇宙 M＝$2^{136.96778011}$

土星 M＝$2^{49.00373867}$

銀河 M＝$2^{98.0333964}$

天王星 M＝$2^{46.28726295}$

太陽 M＝$2^{60.78265535}$

海王星 M＝$2^{46.53233706}$

水星 M＝$2^{38.25813411}$

冥王星 M＝$2^{33.6147503}$

金星 M＝$2^{42.13855249}$

月球 M＝$2^{36.0971978}$

地球 M＝$2^{42.44255868}$

F4 颱風 M＝2^{23}

火星 M＝$2^{39.20860144}$

F4 龍捲風 M＝2^{20}

木星 M＝$2^{50.69425933}$

氫原子 M＝$2^{-128.8141387}$

普朗克能量轉換立方公里質量

h＝6.626^{-34} 焦耳／秒＝4.9976×10^{-70} 立方公里質量

普朗克常數 h＝$2^{-230.213731}$

　　當我們定義出：質量＝速度平方 × 半徑，質量＝三維空間體積，把質量描述為三維立方體積，便可以很容易找到質量體系求星體直徑的漂亮公式：

　　星體直徑＝總質量三維立方體的邊長。

$$X = M^{\frac{1}{3}} = 星體直徑$$

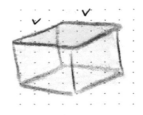

9. 星體直徑＝水立方邊長與真實觀測數據之比

核半徑 $R=\dfrac{1}{2}M^{\frac{1}{3}}$

太陽 R＝628092.85 公里＝695990 公里×0.90

水星 R＝3450.79 公里＝3450 公里×1.414

金星 R＝8458.48 公里＝6051 公里×1.39

地球 R＝9073.97 公里＝6378 公里×1.422

月球 R＝2094.51 公里＝1738 公里×1.21

木星 R＝61066.19 公里＝71492 公里×0.854

土星 R＝41320.77 公里＝60268 公里×0.685

天王星 R＝22059.12 公里＝25559 公里×0.863

海王星 R＝23344.24 公里＝24764 公里×0.942

冥王星 R＝1180.28 公里＝1150 公里×1.02

氫原子 R＝玻爾第一軌域×1.21

　　自體系直徑＝質量水立方邊長的公式，與真實觀測數據相比，由太陽到氫原子上下的質量差為 1 後面有 57 個 0 區間都幾乎正確。

　　由實際觀測結果看，類地星體收縮、氣體星體膨脹。

$$X = M^{\frac{1}{3}} = 星體直徑$$

一段長度 X 對所有的外星人而言，都是一段幾何真實！

他們可以自行帶入 X＝n 顆氫原子擺出的長度。或銣原子振動 n 次時間中，光行所通過的總距離。這些各種不同的自行描述，對全宇宙所有外星人都是相同的。

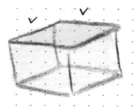

10. 色即是空，空即是色

我們不要以重量（克）定義質量，改以：

質量＝盤面公轉速度平方 × 公轉半徑，

質量＝不同密度的三維體積。

於是便可以改寫牛頓力學方程為：所有的物理量都統一為幾何長度單位！

同時也不再需要牛頓的重力常數 G ！整套力學公式便可以全部轉換。

質量＝速度平方×半徑

重力＝速度平方÷半徑

公轉週期＝圓周長÷速度

密度＝質量÷體積

星體表面密度＝星體速度平方÷星體表面積

星體表面溫度 $k = \dfrac{重力}{(8\pi)^2}$

　　半徑、速度、時間、重力、密度都與空間長度有關。因此所有的物理量變可以完全相通，一路到底連成一體了。

　　那麼全宇宙所有的空心等速度場，星系颱風和有心反平方場，星體、原子、基本粒子和任何物質等，都可以找到一組全宇宙統一標準一路到底的公式。以這一組公式便可以求出任何質量體系的外圍半徑、核子半徑和任何半徑臨界點上的速度、重力、密度、溫度、週期等物理參數。同時也能讓這些不同物理量之間相互轉換。質量、速度、半徑、重力、週期、臨界密度、表面溫度等，所有的物理量完全可以相互串聯，相互轉換。

$$M = v^2 R = gR^2 = \left(\frac{t}{2\pi}\right) R^3 = 4\pi\rho R^3 = T(8\pi R)^2$$

11. 無量綱數 m、e、n、a、t、ρ、T

把一切物理量都除以光速 n 次方，由原本的 M、V、R、g 物理符號改為 m、e、n、a 無量綱數，即完全沒有單位的純數。於是整套力學方程便可以寫成只有 e、n 兩個符號的無量綱數方程。

宇宙中所有的外星人的物理量和物理公式，就會完全相同成為一路到底宇宙統一的物理語言。

如果要還原為一段真實空間長度時，再乘以光速 C 就可以寫回：

一段距離 $S = nc$ 的形式。

星體表面溫度
$$\Delta T = \left(\frac{e}{8\pi}\right)^2 \frac{C}{n} = \left(\frac{g}{8\pi}\right)^2 C$$

$$= \frac{速度平方 \times 球體半徑}{16\pi \times 球體表面積}$$

$$= 質量 \div 球體表面積 \div 16\pi$$

全部以 e、n 構成的無量綱數力學公式：

$$e^2 = \left(\frac{v}{C}\right)^2 = 速度與光速之比平方$$

$$n = \frac{R}{C} = \frac{半徑}{光速} = 半徑與光速之比$$

$$m = \frac{M}{C^3} = \frac{質量}{光速三次方} = e^2 n$$

$$t = \frac{2\pi n}{e} = \frac{公轉軌道周長}{公轉速度} = 公轉週期$$

$$a = \frac{g}{C} = \frac{e^2}{n} = \frac{公轉速度平方}{公轉半徑 \times C}$$

星體表面溫度 $K = \dfrac{g}{(8\pi)^2}$

任何位置點的密度$\Delta \rho = \dfrac{1}{4\pi}\left(\dfrac{e}{n}\right)^2 = \dfrac{球體速度平方}{球體表面積}$

於是所有的物理量能以無量綱數寫成完全串聯的形式。

e＝速度÷光速	$e = \dfrac{v}{C} = \sqrt{\dfrac{m}{n}} = \dfrac{2\pi n}{t} = \dfrac{at}{2\pi} = \sqrt{\dfrac{\rho}{4\pi n}}$
n＝半徑÷光速	$n = \dfrac{R}{C} = \dfrac{m}{e^2} = \dfrac{et}{2\pi} = \sqrt{\dfrac{m}{a}} = \dfrac{\rho e^2}{4\pi}$
a＝重力÷光速	$a = \dfrac{g}{C} = \dfrac{e^2}{n} = \dfrac{m}{n^2} = \dfrac{2\pi e}{t}$
m＝質量÷光速三次方	$m = \dfrac{M}{C^3} = e^2 n = an^2 = 4\pi n^3 \rho = \dfrac{(2\pi t)^2}{n^3}$
t＝公轉週期	$t = \dfrac{2\pi n}{e} = 2\pi\sqrt{\dfrac{n^3}{m}} = \dfrac{2\pi e}{a} = \sqrt{\dfrac{\rho}{\pi}}$
ρ＝表面密度	$\rho = \dfrac{\pi}{t^2} = \dfrac{e^2 C}{4\pi n^2} = \dfrac{m\,C}{4\pi n^3} = \dfrac{a\,C}{4\pi n}$

無量綱的宇宙物理符號

　　於是通行於全宇宙的統一物理語言便完成了。

　　牛頓力學可以寫成只有以 e、n 兩個無量綱符號構成的力學公式。由宇宙、超星系團、星系、恒星、行星、衛星、颱風氣象、原子等所有一切大小質量體系都成立的一路到底的同一個公式。

　　光，通行於全宇宙！有生命的地方必然有光有水。生存於有光有水環境中的外星人們，他們都可以通過思考，找到相同的宇宙統一物理語言和相同的力學公式。

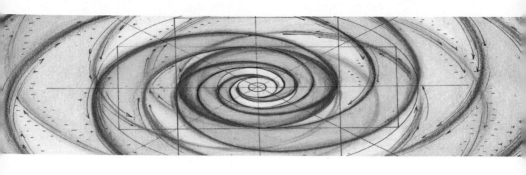

第五章
宇宙物理符號 e²

如果有上帝,而宇宙也是由他所造,
上帝的物理手冊裡所用的物理符號一定少之又少。
什麼是上帝物理手冊裡最重要的物理符號?
如果將宇宙物理量究竟到最終極限,什麼是最後那個符號?

第一節
一切法歸一法，一法納一切法 e²

　　將物理量究竟到只剩下兩個符號 e、M 極限時，便會發現作用於運動質點的不是空間中的重力 g，而是分佈於空間各處的不同迴旋速度與光速之比。

　　無論是發光源重力紅移、光通過重力場產生偏折、水星進動、質量存在空間產生的凹陷的物理成因都是由於 e²。

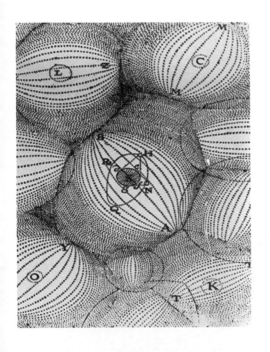

宇宙中最重要的物理符號：e²

e

　　是光明的筆，用光明的墨水，在光明的紙上，寫出的光明的字。

　　e ＝盤面公轉速度 ÷ 光速
　　　＝任何一般速度 ÷ 光速
　　　＝速度與光速之比
　　e 是宇宙中最重要的物理符號。

e 可輕易地計算出廣義相對論的四個複雜的物理問題。

光速 $C = 1$

任何速度與光速之比便是 e。

e 是發光的符號，是上帝物理手冊中最重要的統一物理單位，宇宙中任何時空的外星人們都可輕易求出的物理量。

e 也可以用來作為變化速度與盤面速度之比。以求出自由落體所發生的高度、時間和圓軌道變成橢圓軌道，因不同速度改變所產生的週期改變。

凡是計算質點通過星系、星體時，它的運動會因空間場中不同重力而造成軌道和速度的改變，處理這類問題時引入 e 便會使公式變得非常簡潔，並易於看出變化過程和隱藏於事物表面下的規律。

只要使用 e 一個符號，就可以輕易代替非常複雜的廣義相對論公式。

也幾乎只要使用 e、n 兩個符號，就可以寫出整組一路到底的力學公式！

第二節　e 可輕易代替非常複雜的廣義相對論公式

用 e 可輕易解決廣義相對論的四個問題

重力紅移公式：$Z=e^2$

求太陽所發光的重力紅移不必用愛因斯坦廣義相對論裡的複雜公式，用 e 便可以很簡單的求出來。

重力紅移　$Z=e^2=\left(\dfrac{太陽表面速度}{光速}\right)^2=2.13\times10^{-6}$

（e＝太陽表面速度÷光速＝0.001459655947）

第三節　e 整組一路到底的力學公式

1. 用 e 也可輕易求出光的重力偏折角度

光通過太陽的偏折角度：

$$\tan\theta = 4e^2 = 1.75786 \text{ 弧秒}$$

（e＝太陽表面速度÷光速＝0.001459655947）

2. 用 e 可求出由地球通過太陽到火星所增加的空間凹陷距離

　　由地球發射光波通過太陽到火星會因為空間凹陷而多出 20.373 公里。

$$S = L\left(\frac{e}{2\pi}\right)^2 = 20.373\ \text{公里}$$

　　當然最正確的公式應該分段計算：

$$S = L_1\left(\frac{e^2 - e_1^2}{4\pi^2}\right) + L_2\left(\frac{e^2 - e_2^2}{4\pi^2}\right) = 20.27644113\ \text{公里}$$

$e =$ 太陽表面速度 ÷ 光速 = 0.001459655947

$e_1 =$ 地球公轉速度 ÷ 光速 = 0.00009956030173

$e_2 =$ 火星公轉速度 ÷ 光速 = 0.0000807348979

$L_1 =$ 地球與太陽距離 = 149600000公里

$L_2 =$ 火星與太陽距離 = 227500000公里

$L =$ 149600000公里 + 227500000公里 = 377100000公里

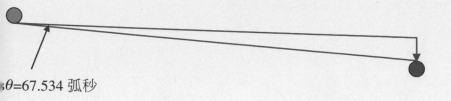

$\theta=67.534$ 弧秒

3. 由公轉速度的光速比 e 可以求出太陽盤面任何空間點的凹陷角度

太陽球體表面的空間凹陷角度的 $\cos\theta = \dfrac{1}{1+\left(\dfrac{e}{2\pi}\right)^2}$，

$\theta = 67.534$ 弧秒

e＝太陽表面速度÷光速＝0.001459655947

e＝地球表面速度÷光速＝0.00002647711122

地球表面的空間凹陷角度＝1.22922 弧秒

4. 太陽系盤面空間凹陷角度

太陽球體表面空間凹陷角度＝ 67.534 弧秒

水星公轉軌道空間凹陷角度＝ 7.429 弧秒

金星公轉軌道空間凹陷角度＝ 5.435 弧秒

地球公轉軌道空間凹陷角度＝ 4.622 弧秒

火星公轉軌道空間凹陷角度＝ 3.748 弧秒

木星公轉軌道空間凹陷角度＝ 2.026 弧秒

土星公轉軌道空間凹陷角度＝ 1.496 弧秒

天王星公轉軌道空間凹陷角度＝ 1.055 弧秒

海王星公轉軌道空間凹陷角度＝ 0.843 弧秒

冥王星公轉軌道空間凹陷角度＝ 0.7351 弧秒

太陽有效盤面邊緣空間凹陷角度＝ 0.45 弧秒

5.v 光速半徑的空間凹陷角度有多大？

由公式可發現，當自體系盤面公轉速度等於光速的最大空間凹陷角度也只有 12.762 度。

$$\cos\theta = \cfrac{1}{1+\left(\cfrac{e}{2\pi}\right)^2} = \cfrac{1}{1+\left(\cfrac{1}{2\pi}\right)^2} \ , \ \theta = 12.76215546 \ 度$$

6. 用 e 可輕易求出水星進動角度

$$\theta = 360 \times 3e^2 = 0.099575316 \text{ 弧秒}$$

行星每繞行 n 次進動一周 $n = \dfrac{1}{3e^2}$

e＝水星公轉速度÷光速＝0.000160034169

由於水星每年公轉太陽 4.1535 次，100 年的總進動角度為 41.3553 弧秒。

水星公轉 13015273.75 次剛好多公轉動一圈。

水星 100 年總運動角度＝0.099575316 弧秒×100×4.153＝ 41.3553 弧秒

7. 水星進動的原因

愛因斯坦於廣義相對論第十一章說：行星軌道是一個相對於恒星系是固定不移的橢圓軌道。這是可以用相當高的精確來驗證的推斷，除了一個行星之外；對於所有其他的行星而言，已經得到了證實，唯一例外的就是水星。水星相對於恒星系並不是固定不移的，而是以非常緩慢地在軌道的平面內轉動，並且順著軌道運動時的方向進動。所得到的這個軌道橢圓的這種進動的值是每世紀 43 弧秒。

愛因斯坦正確求出水星進動公式，但並沒有正確解答水星進動原因。其實所有的行星公轉於恒星盤面時，每公轉一周所進動的距離都相同：

進動距離＝6π×該恒星的光速半徑＝27.9515 公里

由於水星最接近太陽，公轉週期又短。每 100 年進動角度才比較明顯。

　　任何星系運行的行星公轉時，必受該星系恒星質量所作用而產生進動。

　　如太陽系中的所有行星受太陽質量影響，行星每公轉一周進動的距離與行星的質量、公轉半徑的大小無關。任何行星無論質量與公轉半徑大小，每公轉一周必多行進了 27.9515 公里。

　　太陽系中的任何行星每公轉一周進動距離為：

$$S＝6 \pi \Delta R \times \Delta e^2＝27.9515 \text{ 公里}$$

　　進動距離＝6π×該行星公轉軌道半徑×該行星公轉速度與光速之比的平方＝27.9515 公里

　　e＝水星公轉速度÷光速＝0.000160034169

　　水星 100 年共公轉了 415.3 次，27.9515 公里 ×415.3＝11608.729 公里，等於水星公轉周長的 31338.17943 分之 1 ＝圓角度的 41.355 弧秒。

8. 太陽系九大行星及月球每 100 年的進動角度

$$\Delta\theta = 3 \times 100 \times 360 \times \frac{太陽光速半徑}{行星公轉半徑} \times \frac{地球公轉週期}{行星公轉週期}$$

水星＝ 41.355 弧秒

金星＝ 8.6628 弧秒

地球＝ 3.8538 弧秒

火星＝ 1.3469 弧秒

木星＝ 0.0624 弧秒

土星＝ 0.0137 弧秒

天王星＝ 0.00238 弧秒

海王星＝ 0.000777 弧秒

冥王星＝ 0.0003923 弧秒

月球＝ 0.06029 弧秒

第四節 用e才可以描述真正的瞬間速度

1. 瞬間速度 $\Delta v = gt$

瞬間速度等於幾公里是:「錯的答案!」

牛頓求「瞬間速度」的公式乍看像沒什麼問題,其實不然!

一單位時間的大小是人為定義的,重力 g 反比於時間 t 平方:牛頓計算瞬間速度的公式所得出的一個數,將因為定義一單位時間 t 大小不同,而有很大的不同。

例如台北 101 大樓總高度 S＝494.617 米。由上到下自由落體需要 10 秒鐘。

　　通過公式計算最後的瞬間速度 $v = gt = 98.9234$ 米／秒，其實
這個答案是不正確的，因為 g ＝速度平方÷半徑，如果當初我們
把 10 秒定義為 1 秒，速度便大 10 倍，重力 g 便變大 100 倍。

　　如此一來瞬間速度 $v = gt = 989.234$ 米／秒×1＝989.234 米／
秒。

　　但是如果我們把 10 秒定義為 100 秒，速度便小 10 倍，重力
g 便變小 100 倍，瞬間速度 $v = 0.098923$ 米／秒×100＝9.89234
米／秒。瞬間速度應該有宇宙共同的標準，怎麼會因為人為時間
定義的不同而變不同？

　　其實瞬間速度的確是宇宙標準，但是公式則要改為非牛頓式
的方式：

　　e＝v÷c

瞬間速度 $\Delta v = ec$

唯有採用 e＝瞬間速度÷光速，才是宇宙統一標準的絕對值。

一個自由落體在整個墜落過程中，所有瞬間速度都可算出，該速度與光速的比值 "e" 也可算出。

因此瞬間速度 $v = ec$ 才是正確的求瞬間速度的公式。

所有的速度都是瞬間速度

即使整段時間都是均速時，也應稱之為整段時間區間任何瞬間都一樣的瞬間速度。

例如由速度等於 0 加速度到光速，在這整段時間區間裡任何一剎那都有一個與光速相比的「瞬間速度」。即使整段時間都是平均速度時，也如同加速度一樣取出一瞬間剎那速度與光速相比。

因此，均速時也應稱之為：整段時間區間中的任何一瞬間的「瞬間速度」，也可稱為不變的瞬間速度。

任何速度都應用於瞬時速度與光速之比：e 描述才是正確的，稱瞬間速度為幾公里即是錯誤的說法。

因為這不是宇宙的統一標準語言，外星人聽不懂你在說什麼。

e＝折射率的算符 $\sin\theta_r = \sin\theta_i \times e$

折射率是光在兩個不同介質中的速度之比：

e＝$V_1 \div V_2$

光通過不同介質的偏折角度：e＝$\dfrac{v_1}{v_2} = \dfrac{\sin\theta_r}{\sin\theta_i}$

θ_i

θ_r

e＝光行差的算符

$$光行差角度\ \tan\theta=\frac{觀察者速度}{星光速度}=\frac{\nu}{C}=e$$

$$\tan\Delta\theta=\frac{\sin\theta}{\cos\theta+e}$$

$$\tan\Delta\theta=\frac{\sin\theta}{\sqrt{(e\cos\theta)^2+1-e^2}+e\cos\theta}$$

e ＝求出英雄救美最少時間路徑： $y=\dfrac{L}{\sqrt{1-e^2}}$

e 可以簡單求出最短時間路徑公式。

例如：美人掉落 B 位置的深水中，大喊：「救命！」

英雄在 A 位置要跑去救美，但在陸地的跑步比水中游泳快，英雄需要算出一條最省時間的路徑 y，才能即時將美人救上岸。求 x 公式就必須用到速度比 e。

e＝陸上跑步速度÷水中游泳速度

2.e² 是計算等速度場虛質量的關鍵！

當初在美國太空總署，有位女性觀察員發現銀河系中的盤面速度並沒有遵守克卜勒公式：距銀心距離越遠，公轉速度越慢的定理，而是整個銀河盤面的任何星體都以每秒鐘 220 公里的速度繞銀心公轉。

於是科學家們便依據這發現判定：銀河系中必有無法察覺的不知名黑暗質量。

但由「質量＝公轉半徑×公轉速度平方」的定理可發現：其實銀河等速度場不但沒有額外的黑暗質量，反而是它只具有局部質量的虛質量！因為依「質量＝公轉半徑×公轉速度平方」定理，公轉速度平方反比於公轉半徑，自體系盤面任何位置點上的公轉速度平方×公轉半徑必等於質量！

隨著半徑遞減，公轉速度遞增。當半徑＝質量÷光速平方時，公轉速度＝光速！而銀河等速度場並沒有隨著半徑變小速度平方變大的方式進行，因此銀河等速度場的真實質量遠小於外圍等速度平方與銀河半徑的乘積。

　　如何計算銀河等速度場真正的虛質量大小？正確公式還是要用到宇宙中最重要的物理符號：e^2。

$\Delta M = M \log_2 e^2$

虛質量＝質量 $\log_2 e^2$

（e＝銀河盤面÷速度光速＝0.0007169189246）

依公式計算

　　銀河等速度場真正的虛質量大小：

　　虛質量＝質量×0.047865658，

　　如果銀河系是顆水球，水球半徑＝土星與太陽之間的距離。

　　一個半徑 400 公里、颱風風眼半徑 20 公里、風速時速 133.15 公里的 F4 颱風：

　　虛質量＝質量×0.021785098，

　　如果它是顆水球，半徑＝ 35.20358878 公里。

　　一個半徑 6.4 公里、中心風柱半徑 64 米、風速時速 189 公里的龍捲風：

　　虛質量＝質量×0.022275916，

　　如果它是顆水球，半徑＝11.171公里。

第五節　用 e^2 決定運動質點在宇宙中的運動

1. 用 e^2 可求出自體系任何空間點的密度

牛頓定義了星體平均密度＝質量÷球體體積。

但站在力學角度上看，我們最需要的不是平均密度，而是質點運動到任何位置時當下空間的迴旋速度與光速的比值 e、溫度 T、密度 ρ，如何求該運動質點所處位量的臨界密度才是重要的事。

$$自體系任何空間位置的真正密度 \Delta \ \rho = \frac{V^2 R_2 - V^2 R_1}{\frac{4\pi}{3}(R_2^3 - R_1^3)} = \frac{V^2}{4\pi R^2}$$

$$= \frac{1}{4\pi}\left(\frac{e}{n}\right)^2 = \frac{公轉軌道的速度平方}{球體表面積}$$

$e = V \div C$

$n = R \div C$

$R_1 = R_2 -$ 無窮小

太陽系於地球公轉軌道的臨界密度 $\rho = 0.00000004711475127$
太陽表面的臨界密度 $\rho = 0.467888833$
地球表面的臨界密度 $\rho = 1.833242206$

2. e^2 才是關鍵而不是重力 g！

愛因斯坦把星體發光所造成的紅移稱為重力紅移，因為他認為紅移的產生是來自於星體發光表面的重力。

而由重力紅移公式：$Z=e^2$

我們會發現 e 才是紅移的真正成因，而不是重力 g！而其他行星公轉進動、質量造成空間凹陷、光通過重力場的偏折等物理公式也是如此，e 才是作用運動質點的關鍵，而不是重力 g！

宇宙中所有的星體都在動，地球在自轉、公轉，太陽繞著銀心公轉，銀河朝向室女超星系團運動，宇宙盤面也在迴旋運動，宇宙所有的空間處處藏有光速比 e，而它正是作用於宇宙中所有運動質點最重要的物理量。相信透過 e 可以重新寫出空間與運動質點相互關係的廣義相對論。

3. e² 是超距力的真實成因

$$\Delta e^2 = \left(\frac{\Delta v}{C}\right)^2 = 引力場的盤面空間詳細描述$$

愛因斯坦於廣義相對論中的「引力場」章節說：「如果我拾一塊石頭，然後放開手，為何石塊會落到地上呢？」

通常對這問題的回答是：「因為石塊受地球吸引。」

現代物理學所表述的回答則不太一樣，其理由如下：對電磁現象的研究使我們得出這樣的看法，如果沒有某種中介媒質在其間起作用，超距作用這種過程是不可能的。例如磁鐵吸鐵，依法拉第的方法，設想磁鐵在其周圍的空間產生某種具有物理實在性的「磁場」，而這個磁場又作用於鐵塊上，使鐵塊力求朝著磁鐵移動；對於電磁波的傳播尤其如此。我們也可以用相似的方式來看待引力的效應。

愛因斯坦認為引力場是通過描繪在空間各點的不同大小的重力 g 所引發的。但事實上真正關鍵的不是重力 g，而是盤面各處不同公轉速度與光速之比的平方 e²。

　　如同電磁學中的磁場，質量存在產生引力場當然不是透過無形的超距力，而是以該質量為中心點隨著半徑增大而速度平方遞減的盤面迴旋速度平方，才是空間產生物理實在性的「引力場」。

　　是 e^2 決定引力的大小、空間凹陷角度、光通過時的曲折角度、重力紅移、質點於盤面公轉的進動角度。

　　e^2 是引力場的空間各處詳實的描述！

4. e² 決定運動質點在宇宙中應如何運動！

　　宇宙空間佈滿了各種不同的 e，空間像是沙漠中蟻獅所設下的漏斗形陷阱，質點通過會陷入其中或偏折，只需看質點通過該凹陷空間時的速度。

　　宇宙中任何運動質點受空間中不同質量、重力影響所引起的任何改變問題，必然可由該質點所處的空間點上的盤面速度與光速之比：e 或 e² 求出該變化的物理公式！

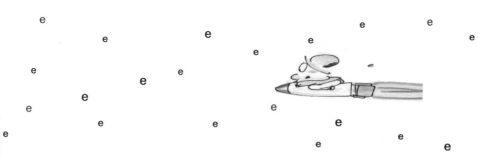

5. e^2 解釋了宇宙為什麼完全平坦，因為 135 億光年半徑裡 $e^2=1$

　　愛因斯坦在他所發表的廣義相對論說：宇宙空間是彎曲的，光在其中所行進的路徑也是重曲線。然而由公式：宇宙總質量÷宇宙半徑 135 億光年＝光速平方，我們知道在 135 億光年半徑裡，整個宇宙盤面迴旋速度都是光速，也就是說：我們所稱的 135 億光年宇宙是完全平坦的。

　　唯有分佈於宇宙平底鍋上的超星系團、星系、恒星等各級宇宙次級體系的慣性「色空場」內部，才有各種不同凹陷空間存在。

6. 完全平坦的宇宙使來自各方向的宇宙微波背景輻射完全相同

　　宇宙半徑＝ 135 億光年，而這也正是宇宙的光速半徑。光速半徑中的盤面迴旋速度全部為光速 C ！

　　這等同於存在於空間凹陷角度為 12.76215564 度的平底鍋裡，因此由凹陷盆地中所觀測到的宇宙微波背景輻射當然會完全相同，因為宇宙微波背景輻射完全反射自等高度的平底鍋邊緣。

7. 重力 g 不是重點，速度與光速之比 e 才是關鍵！

重力 g 的大小反比於時間平方，而時間是我們人為規定的，因此重力 g 不是宇宙統一標準的物理量。

一切所謂重力紅移、重力偏折、水星進動都與重力 g 無關，只與 e＝v÷C 有關，e 才是宇宙統一標準物理量。

以下便是不使用重力 g，改以 e 表示自由落體的物理公式。

8. 不必使用重力 g 的自由落體的物理公式

往上拋最高點↑ $\Delta S=\dfrac{1}{2}Re^2$

抛到最高點所花的時間↑ $\Delta t=\dfrac{t}{2\pi}e$

往下墜落瞬間速度↓ $\Delta v=2\pi v\dfrac{\Delta t}{t}$

往下墜落瞬間距離↓ $\Delta S=2\pi^2 R\left(\dfrac{\Delta t}{t}\right)^2$

e ＝拋射速度 ÷ 拋射點的盤面公轉速度

t ＝公轉週期

v ＝盤面公轉速度

R ＝拋射點的球面半徑

9. 用 e² 可求出原本以圓軌道公轉的行星因速度改變而轉為橢圓軌道的公式

$$e=\frac{\Delta v}{v}=\frac{變化的速度}{原公轉軌道速度}$$

半長軸 $a=Re^2$

半短軸 $b=Re\sqrt{2-\dfrac{1}{e^2}}$

橢圓面積 $\Delta S=\pi R^2 e^3\sqrt{2-\dfrac{1}{e^2}}$

偏心率 $\varepsilon=1-\dfrac{1}{e_1^2}$

如下一連串影響運動質點的公式都跟 e^2 有關：

重力紅移 $z=e^2$

水星進動角度 $\theta=360\times 3e^2$

光通過重力場折射角度 $\tan\theta=4e^2$

質量造成空間凹陷增長距離 $S=L\left(\dfrac{e}{2\pi}\right)^2$

等速度場虛質量 $\Delta M=M\log_2 e^2$

動能 $P=\dfrac{1}{2}Me^2$

這證明影響質點於宇宙中運行的不是運動空間中的質量、重力，而是宇宙中最重要的物理量 e^2。

10. 一路到底求質量體系半徑公式

由宇宙到氫原子，任何自體系無論質量大小都有一定的核半徑、核心通道、外圍有效半徑。任何慣性「色空場」自體系的核直徑＝質量的三次方根！

由核半徑公式求太陽、水星、金星、地球、火星、木星、土星、天王星、海王星、冥王星、月球、氫原子，太陽到氫原子質量差為：

$$太陽與氫原子的質量比\ e = \frac{太陽\ M}{氫原子\ M} = 1.18599 \times 10^{57}$$

公式值與真實觀測值之間的誤差大約都在 10％ 以內。

外圍半徑 $R_2 = \left(\dfrac{M}{1000}\right)^{\frac{2}{3}}$

核平徑 $R = \dfrac{1}{2} M^{\frac{1}{3}}$

核心通道半徑 $R_1 = \left(\dfrac{M}{1000}\right)^{\frac{1}{3}}$

M and e　　星體直徑＝$M^{\frac{1}{3}}$　　作用力範圍＝$\dfrac{1}{100}M^{\frac{2}{3}}$

　　對質量體系格物致知到最後，結論就是只需要質量 M 和盤面的速度與光速之比 e 兩個物理量。

　　M 決定星體的核子直徑大小和質量體系有效作用力半徑範圍。

　　e 決定體系內外的所有質點，於盤面內應該如何運動。

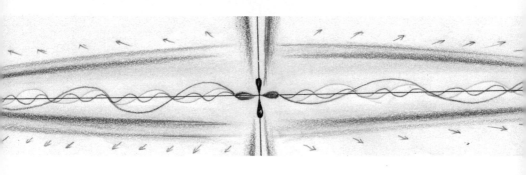

第六章
東方創世記

我們已經聽西方人講宇宙如何，如何，很久了……
現在且聽聽東方觀點的宇宙，聽聽看我們怎麼說。

第一節　東方思維中的宇宙

東方思維的宇宙，一開始看似玄妙神奇詭異，但終究還是以數學的語言呈現，一切都可用物理公式運算證明。雖然是東方思維，但還是停留在西方以數學描述物理的方法軌道上。

1. 有無相生

天下萬物生於有，有生於無。無為天地之始。有為萬物之母。

微塵是萬物之母，一切始於微塵，萬物起源於遍佈一切的微塵。

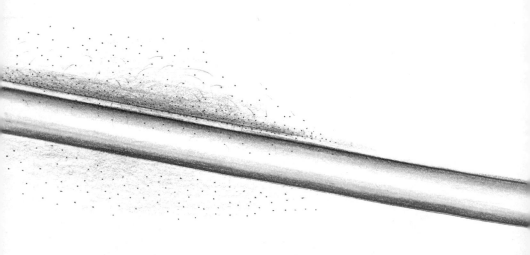

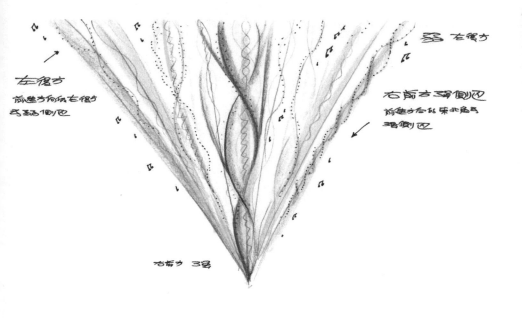

道生一，一生二，二生三，三生天下萬物。

宇宙萬物始於微塵，微塵相互聚合而形成萬物。

萬物在和光同塵中緣生緣滅。

我們只能由和光同塵談起。

但是誰也不知道：如何由微塵產生宇宙萬物？

2. 標準理論標準嗎？

東方宇宙創生由「有」開始說起，這很不同於西方的標準理論——宇宙大爆炸學說。

然而大爆炸標準理論真的標準嗎？

物理法則：「質量、能量不生不滅。」質量、能量是不能無中生有的！

標準理論只適合於一時的標準，它極有可能只是時代的偏見與風尚。

質量能量如何由無中生有？「無」如何產生這麼大的宇宙時空？

目前我們只能藉由張載所說的「氣」，展開宇宙永不止息的生滅變化。那麼宇宙如何創生？如何無中生有？如何憑空生出一個這麼大的宇宙？

宇宙質量$M = C^2 \times 135$ 億光年＝氫原子的質量$\times 10^{80}$

我們不認為以人類今天的物理科學水準，有能力談宇宙到底是如何創生的。任何由「無中生有」的創世理論，是人在談他不能印證的一廂情願的想像。

第二節　由氣展開的東方宇宙創生

1. 東方創世＝氣的變化

蘇格拉底以前的哲學家們感興趣的是萬物的起源……

其中阿那克西米尼認為：這個本原是氣！

中國歷代思想家們所認為的宇宙本原與阿那克西米尼一樣，本原是「氣」！

「北宋五子」之一的張載，獨立發展出宇宙創生「太虛即氣」學說。

太虛、氣、萬物，乃同一物質實體的不同狀態。

2. 太虛即氣！

張載說：

由太虛有天之名，由氣化有道之名。

宇宙空間中不能無氣，氣不能不聚而為萬物，萬物不能不散而為空間。

宇宙是：氣在天地之間浮沉、升降、動靜相感相交變化過程的總和。

陰陽正負相互交會相蕩、勝、負、屈、伸是宇宙的起源。

萬物開始於氣所變化而成形，然後形形相變相化為各式各樣的形，形化久了則氣散而形消逝。

3. 氣，不生不滅不減不增

陰陽、冷熱、正負氣體，無論實、虛、動、靜、聚、散、濁、清，其實本質相同。構成宇宙的氣是一物兩體，聚散各異，可以看得到的叫做氣，渾然透明看不到的叫做神。

氣的反覆聚散，本身不減不增，氣散於無形並非減少，氣聚為有形並非增加。這如同海水中的泡沫生於海，消失於海！泡沫由水所生，也還原為水，不自離於海水，也不增減海水！

張載所代表的東方宇宙觀很務實，從看得到的變化說起、也想像得非常合理實際。認為宇宙由氣分離變化而成，清陽者上升為天，重濁者下沉為地。

這些存在是一時現象，無論那一時有多長，存在是一種形式的存有，無論它的形體多寬廣，存在只是一時條件的因緣和合而生。當因緣條件消逝時，便回歸本來原始氣的狀態。因此存在只是成、住、壞、空的過程。至於元氣如何由宇宙生成，則不作臆想。

其實就算我們以今天的天文學標準，又有誰真能知道宇宙如何能無中生有，憑空蹦出 135 億光年這麼大的空間和 1 後面有 80 個 0 的氫原子這麼大質量的宇宙時空呢？

第三節　太虛即氣的宇宙學

　　由目前所觀測到的宇宙半徑 135 億光年空間裡，有大約 1000 萬個由星系團和星系群所組成的超星系團，星系群小集團是由銀河系一樣的星系組成，已知宇宙中大約有 2000 億星系，每個星系裡約有 2000 億像太陽一樣的恒星繞銀心公轉，恒星盤面裡有數量不等，像地球、木星一樣的行星繞恒星公轉，行星盤面裡還有如月球的衛星繞行星公轉。

　　而組成這些超星系團、星系群、星系、恒星、行星、衛星等各級大小結構的質量體系，是由視之而不見、聽之而不聞、搏之而不得、小到不能再小、肉眼無法看見的基本元素所構成。如果我們由以上的星系結構來看，宇宙便如同張載學說「太虛無形、氣之本體」的翻版。

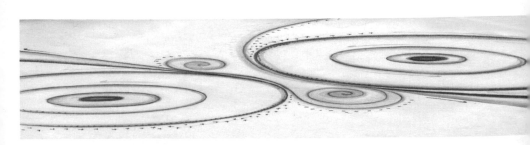

張載說：

宇宙由氣所生，質量體系是氣的聚合離散變化過程中的一時現象。氣不生不滅不減不增，氣散於無形並非減少，氣聚為有形並非增加。氣是一物兩體，可以看得到的叫做氣，渾然透明看不到的叫做神。

如果我們把張載「太虛即氣」學說解讀為：

宇宙由看不見的基本元素所組成，聚合為看得見的形體叫做星系、星雲（氣）。離散化為不見時叫做原子（神）。星系形成並非基本元素增加，星系消逝並非元素變少，形成星系的基本元素不生、不滅、不減、不增。

1. 宇宙學＝超大尺度的氣象學

目前科學家已經知道宇宙的體系有行星、恒星、星系、星系群、室女超星系團、星系纖維等級數越來越龐大的結構乃至整個宇宙。張載的宇宙學說，簡直就是超大尺度的宇宙氣象學。

我們研究宇宙不如學習張載太虛即氣的觀念，從大地氣象學開始著手，因為超星系團、星系和星系中的大型星雲、恒星、行星、衛星的形成與地球表面上空的氣象現象，除了尺度大小不同之外，原則上並無兩樣！

2. 地球＝宇宙物理最好的研究所

德國物理學家萊布尼茲說：「我們的世界，是所有可能的世界中，最好的世界。」

對於物理研究而言，人類何其有幸能存在在這研究物理的天堂。有光、有水、有正負 50 攝氏度的溫度，有日月、有豐沛的 110 種元素，有雷電交加變化多端的氣象。過去 300 年人類取得很大的物理成就，應該歸功於我們有幸活在這個物理研究最好的地方。

由大尺度看，宇宙是由超星系團、星系群、星系組成的呈網狀分佈的星系纖維。這簡直就是超大版本的地球氣象。因此我們探討宇宙創生、星系的形成演變也應該如過去一樣，以地球所能看到、能拿在手上格物致知的最終究竟之處開始著手。研究宇宙物理，地球可說是宇宙中最好的宇宙研究所！

反轉的球體表面

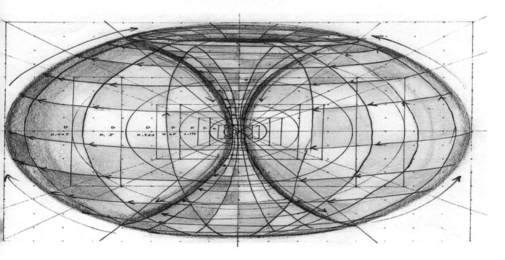

3. 宇宙時空＝逆向反轉的球體表面

如果我們把地球整條赤道 0 度線看成宇宙的中心奇點，離赤道五個緯度看成垂直內外氣流的通道，把地球南北兩極的奇點，看成整個宇宙的球體表面，這等於把球面最長的線變為一點，把奇點變為最大面積的球體表面。

宇宙整個空間等於是一個地球球體表面的反轉！

4. 大氣物理學＝宇宙星系變化模型

在離赤道上下五個緯度以外，颱風生成地帶等於宇宙的能量大海，銀河系等於宇宙尺度的颱風。那我們就可以通過對颱風和地球氣象的大氣物理學，來研究星系，對超星系團、星系群、星系的生成、結構、變化等同宇宙創生相關的問題。

這總比我們只透過來自非常遙遠的星光來瞭解、推測、臆想而提出的宇宙假說要實際得多。

5. 木星表面氣象變化＝宇宙球體星系演變

在已知宇宙裡，超星系團是宇宙中最大結構尺度，由超星系團的分佈顯示：宇宙中的星系分佈是不均的；多數星系都聚集在一起成群集團，每個小集團有 50 個至數千個星系。這些小集團與其他星系聚集形成更大的被隔絕結構，稱之為超星系團。

由大尺度看，宇宙是一個球體內星系聚散分合的氣象變化的大集合。木星球體表面的氣象是宇宙內部的縮影，宇宙球體是反轉的超大尺度木星。

6. 宇宙演化＝氣的浮、沉、升、降

　　超星系團半徑跨越數億光年距離，但超星系團本身可能只是長達數 10 億光年的更大片狀巨大結構的次級體系，片狀巨大結構的總面積超過了可見宇宙的 5%。哈伯定律顯示，這更大片狀巨大結構的年齡接近宇宙的年齡。

　　宇宙是氣在天地之間浮、沉、升、降、動、靜相感相交變化過程的總和。陰陽正負相互交會相蕩、勝、負、屈、伸是宇宙的起源。萬物開始於氣所變化而成形，然後形形相變相化為各式各樣的形，形化久了則氣散而形消逝。

7. 地球雲層分佈＝星系分佈不均勻的宇宙

　　超星系團之間有巨大的空洞，在空洞中只有少量的星系存在，星系在宇宙中呈網狀分佈，在整體上形成類似蜘蛛網狀分佈或神經網絡結構，稱之為星系纖維。從大尺度看像一個個氣泡一樣的質量空白區域。宇宙中的物質在大尺度下是均勻分佈的說法似乎不成立。

　　如果我們觀看地球一年四季當中的氣候變化，和一天當中晨曦、黃昏、日、夜的雲層聚散，便易於理解宇宙星系，為何分佈這麼不均勻。氣的變易無論在地球上空或在宇宙內部都一樣，無論氣的規模大小，變化原因來自於冷熱差，而不在於尺度大小。在地球看得到的現象，在宇宙也看得到。

8. 氣體行星表面氣象＝宇宙星系群的縮影

　　地球有光、有水、有日月恒星和衛星，最重要的還有變化多端的地球氣象；太陽系有水星、金星、火星和寒冰世界的冥王冰星，最重要的還有木星、土星、天王星、海王星這四顆充滿多樣不同氣體的氣體行星上的氣象。這些可作為研究宇宙星雲、星系、超星系團的研究的範本。氣體行星表面氣象＝宇宙星系群的縮影。

9. 銀河系＝宇宙尺度的颱風

　　我們查看兩張分別以紫外線、可見光或紅外線拍攝的銀河系與颱風圖，可知，很難將它們分辨清楚。看起來銀河系像宇宙尺度的超大型颱風，颱風則是超迷你銀河系。我們在地球上看見的氣象現象，在宇宙中也經常看得見，只是規模尺度大小不一樣。如果以地球氣象模擬宇宙星雲、星系等各種尺度體系，則有以下關係：

　　　　超星系團＝木星大紅斑

　　　　銀河系＝颱風

　　　　球狀星團＝高壓冷氣團

　　　　疏散星團＝熱帶低氣壓

　　　　類星體＝龍捲風

　　　　星雲＝團聚的積雨雲

　　　　彗星＝颱風中的雨滴

10. 木星大紅斑＝超星系團

　　大氣是一個複雜多變的天氣系統，例如木星球體表面的雲層時時刻刻都在變化。由於木星高速自轉，它上面的大氣顯得非常焦躁不安，大大小小的風暴此起彼落，暴風半徑比地球大三倍的超大尺度巨型颱風大紅斑以 1000 公里時速旋轉。外圍的雲每四到六天即運動一周，風暴中央的雲系運動速度稍慢且方向不定。因而雲帶之間常形成小風暴，併合並成為較大型風暴。將木星大紅斑放大到宇宙級別＝超星系團。

11. 銀暈的球狀星團＝颱風外圍環流雲團

　　當颱風具體成形時，暴風半徑勢力範圍裡的天空雲朵們被颱風低壓中心吸引，被納為颱風的一部分加入到迴旋運動中，有些雲朵被颱風分解吸收，有些還保有一部分的自體系，除了隨颱風迴旋運動外，同時也自我旋轉形成颱風內部的次級體系。

　　銀河的銀暈周邊有很多球狀星團，它們以很大軌道離心率和傾斜度繞銀心公轉，球狀星團中的恒星年齡甚至大於銀河系本身的年齡，因為這些球狀星團在銀河系還沒形成之前就已經存在了。如同被颱風吸納進來的外圍環流中的雲朵，它們早在颱風形成之前就已經存在了！

12. 宇宙尺度龍捲風＝類星體

龍捲風形成於冷空氣穿過熱空氣層時，冷空氣迫使暖空氣急速上升，因而快速旋轉形成上大下小的漏斗狀氣流。龍捲風的漏斗上接積雨雲，由於龍捲風內部交互作用產生強烈雷暴、閃電，有時還會下大量冰雹。

13. 類星體

1960 年，美國天文學家桑德奇發現一個奇怪的天體能輻射又寬又亮的射線，而且具有非常大的紅移。該天體看上去與普通恆星沒有區別，因此被取名為類星體。由於類星體體積小紅移大，最大紅移高達 5.8 單位。這表示射線來自 100 億光年遠的地方。

什麼星體有這麼大的能量？

於是人們陸續提出各種黑洞、白洞、反物質、巨型脈衝星、超新星連環爆炸、恆星碰撞爆炸、活動星系核等眾說紛紜的說法。我們認為星體運行所造成的多普勒紅移最大只會到 Z = 1，任何大於 1 的紅移來自於其他原因。

如果類星體距離不是那麼遙遠，所發射的能量就比較正常。由於類星體周邊積累著看不到的黑暗雲團，由於兩端有能量噴口輻射能量，類比地球氣象等效於低溫冷空氣穿過熱空氣層，暖空氣急速上升快速旋轉形成的龍捲風。

14. 彗星＝宇宙尺度的水滴

宇宙是顆大原子，原子是個小宇宙；彗星是顆大雨滴，雨滴是滴小彗星。

如果銀河系等於宇宙尺度的超級颱風，那麼由冰所構成的彗星等於宇宙尺度的雨滴。通過銀河與颱風質量比例計算：如果一滴雨＝ 0.1 克，則彗星＝半徑為 98 公里的水球。

如果彗星等於宇宙尺度的水滴，那麼便可以解釋地球的生命起源於彗星！因為雨滴緣起於海水，凡是有光、有水，就產生生命。一滴水裡面含有無窮多的微小生命。

同樣的彗星緣起於宇宙尺度的大海，一顆彗星裡面含有無窮多的微小生命。生命起源於宇宙大海，地球的生命，來自遙遠宇宙大海的彗星！因此，生命早於銀河系、太陽系、地球等各級星體形成之前。

PS：進入太陽系中的大大小小彗星，是經過無數次撞擊的彗星碎塊。

15. 星系的生成＝一切皆始於因緣

有因有緣成世間，有因有緣世間成。

　　跟颱風生成於赤道維度為 5 度的周邊一樣，星系生成於宇宙核心周邊的能量之海。然後逐漸往外圍移動，沿路攝食空間中的雲氣成長自己，當它到達宇宙最外圍的球體表面時，將因條件不再而消散，或由於超低溫而轉化為如地球南北極周邊的高壓冷氣團，這便是銀河系的生滅變化過程。一切因緣生，一切因緣滅！一切條件具足而生成，一切條件不再而消逝。

16. 有無相生

如果我們稱物質為「有」，稱空間為「無」。物質與空間不單獨存在，色與空同時生滅。

如果銀河系的產生等同於颱風由無到有的形成過程，那麼便可以真正理解老子所說的：「有無相生。」質量與質量體系空間是同時產生的！

沒有來自海洋的水氣便沒有颱風的暴風半徑。沒有創造低氣壓中心的空間便吸引不了水汽。熱帶氣旋的生成和發展需要各種條件的疊加：海溫、大氣環流和大氣層三方面的因素結合。由色空相互疊加，颱風內部水汽（有）與颱風體積（無）同時產生。

17. 緣生緣滅

此有故彼有，此無故彼無；
此生故彼生，此滅故彼滅。

由颱風從無到有幾天之後又消失的生滅過程，我們看到慣性「色空場」體系，因條件具足（高溫海水加上科氏力）而生，也因條件不再（颱風登陸後水汽提供不足）而消逝。

一切因緣生，一切因緣滅。凡是存在的必然有變化，凡是生命體系必然有生、住、異、滅。宇宙中一切有情無情體系都是如此，颱風、銀河系也如同生命體一樣，經歷成、住、壞、空的變化過程。

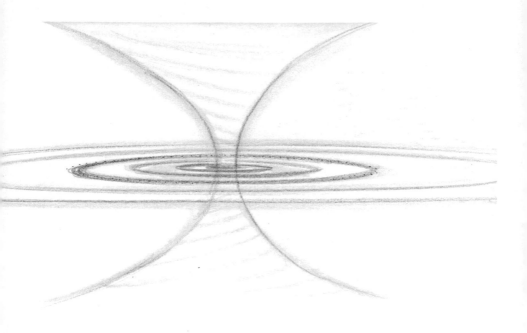

18. 萬物皆有生命

物質如同具有生命一樣的一切質量體系，如宇宙、星系、星體、原子基本粒子等，具有如同生命一樣真實的生住異滅、成住壞空的變化規律。任何質量體系，必有具體形體（圓形或橢圓形）、有外圍表面、內部消化系統、核心垂直通道、連接內外的入口出口。

例如銀河系中心不是黑洞，而是銀河系的颱風風眼垂直通道，是色空場電磁效應的能量攝食吸收消化通道！

19. 任何有情無情皆為眾生

太陽是什麼？

太陽是一顆活生生的細胞！

觀察颱風想像星系的生滅過程，我們會發現它如同生命體一樣，具有生住異滅、成住壞空的變易過程。其內部有垂直攝食系統（颱風風眼垂直通道）和消化系統（將高溫海水分解為熱氣和雨滴），以周邊環境為食。太陽每 11 年磁場翻轉 1 次，如同轉換攝食方向，將吐出的物質源再回收一次。

任何質量體系也是如此，當它們成長茁壯為獨立體系後，才慢慢消耗自我以維生，直到完全失去生機。

20. 外圍模糊邊界

由颱風的例子，我們應該可以看出一個事實：

一個質量體系＝內含迴旋速度平方×模糊外圍半徑的三維空間體積

地球的外圍模糊半徑到哪裡為止？

哪裡是地球慣性「色空場」第一空間的外圍模糊邊界？

地球公轉時，外圍周邊的質點被騷動後，有一半機會會被帶進地球盤面之內，受地球質心作用；另一半機會還是緊隨著太陽公轉軌道運行，這個臨界點便是地球慣性系的模糊邊界外圍。

21. 質量體系必有具足一切的場

空間密度不等於 0 時，其內必有物質存在，必屬於某質量體系作用力範圍。例如地球公轉軌道周邊物質，必然是繞太陽質心公轉或繞地球質心公轉，並隨質心同步慣性運動。

場＝必然具有反半徑平方旋轉運動的盤面

光波在同步慣性色空場運動，無論該色空場是否做慣性運動，都等效於不動的絕對空間。

22. 色空必產生旋轉盤面＝慣性色空場

宇宙像是一部永動機，萬物在空間中，永不止息地變化。

地球在旋轉，太陽系在旋轉，銀河系在旋轉。宇宙萬物為何產生永不止息的變化？

色空場等於有效作用力外圍、內空間、質量、重力、盤面迴旋速度、核子、核心通道、電磁場疊加之和。既有場，其盤面必產生運動旋轉。既有場，其內必有物質存在；既有物質，必產生場。質量場中含有場的一切要素。

核心通道＝物質體系中永遠的通道＝物質的維生系統

核心通道的中心是一切作用變化的起源！

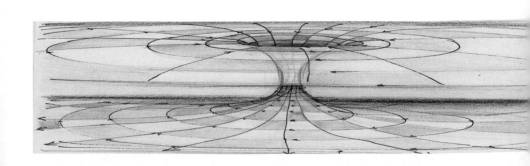

23. 質量體系的電磁場

　　垂直上升的叫做氣，水平旋轉的叫做風。由颱風的垂直氣流上升運動產生的颱風風眼中心環流或龍捲風的漏斗狀上升氣流，都會因為氣的管狀上升環流引發外圍水平方向的旋轉運動。如同地心垂直方向的磁場運動引發水平方向的旋轉電流一樣。這如同電磁效應：

　　垂直流動的電流，引發水平方向的磁場迴轉運動。
　　垂直方向的磁場運動，引發水平方向的電流迴轉。

　　這種質量體系的電磁效應，我們姑且稱之為：色空場的電磁效應。
　　中心管狀垂直通道＝色空場的進出消化系統

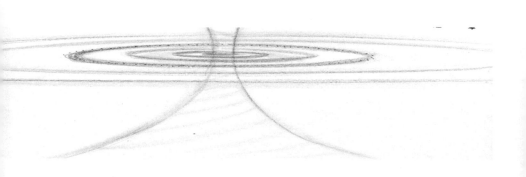

24. 凡圜轉之物，動必有機。

萬物在空間中永不止息地變化。

宇宙中所有的質點都在旋轉運動。

銀河在旋轉、太陽繞銀河中心公轉、地球繞太陽公轉、月球繞地心旋轉。一切都在迴旋，萬物為何會永不止息地迴旋？

因為天下沒有白吃的午餐，一個物理作用必引來另一個物理效應。質量在空間中必然產生空間盤面的迴旋運動。這是質量本身永動不止的原因。

$V=$切線橫向平移速度

$g=$垂直向心墜落速度

$V+g=$圓周迴旋速度

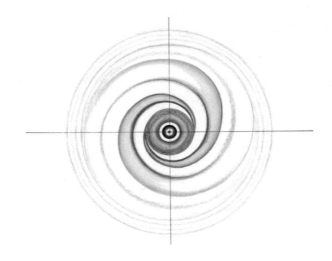

25. 盤面圓周運動＝切線速度與垂直向心速度的疊加

質量＝速度平方 × 半徑

質量的存在必含有顯現於外在盤面公轉速度 V 之外，還有內隱的向內墜落的重力 g。

V 與 g 都是質量內蘊展示於外在的表現：

V ＝切線橫向速度，g ＝垂直向心墜落速度。圓周迴旋運動是切線平移速度和向心速度的疊加。質量造成盤面的迴旋運動重力 g，是物質向內聚合的原因。

質量＝重力 × 半徑平方。向心加速度以半徑平方倒數的遞增方式向質心垂直墜落。

26. 兩種色空體系

慣性「色空場」體系有兩種：

(1)等速度空心體系＝超星系團、星系、類星體、颱風、龍捲風等只有核心垂直通道無球狀星核，其外圍到核心盤面公轉速度全部相等的旋轉空心體系。

(2)速度平方除半徑有心體系＝恒星、行星、衛星、原子等有球狀星核，盤面公轉速度平方除半徑的有心體系。

宇宙質量 M ＝光速平方 ×135 億光年

因此，在 135 億光年半徑宇宙盤面裡，旋轉速度都為光速，因此等同於等速度空心體系。

27. 色空體系的有效作用力範圍

無論是空心體系或有心體系慣性「色空場」，其有效作用力範圍的公式都相同，唯一的差別只是空心體系不需要核半徑公式：

速度 $V=10M^{\frac{1}{6}}$

外圍半徑 $R_2=\left(\dfrac{M}{1000}\right)^{\frac{2}{3}}$

核半徑 $R=\dfrac{1}{2}M^{\frac{1}{3}}$

核心通道半徑 $R_1=\left(\dfrac{M}{1000}\right)^{\frac{1}{3}}$

PS：類星體、龍捲風另有不同公式。

28. 類星體、龍捲風的有效作用力範圍

速度 $V=\sqrt{10}M^{\frac{1}{3}}$

外圍半徑 $R_2=\dfrac{1}{10}M^{\frac{1}{3}}$

核心通道半徑 $R_1=\dfrac{1}{1000}M^{\frac{1}{3}}$

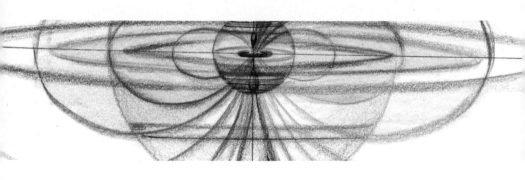

第七章
宇宙的維度

在物理學和數學中，一個 n 個數的序列可以被理解為一個 n 維空間中的位置。當 $n=4$ 時，所有這樣的位置的集合就叫做四維空間。這種空間與我們熟悉並在其中居住的三維空間不同，因為它多一個維數。這個額外的維數既可以理解成時間，也可以直接理解為空間的第四維，即第四個空間維數。

　　四維空間通常也可以理解為三維空間加時間軸。這種空間叫做閔可夫斯基時間或「（3＋1）空間」。這也是愛因斯坦在他的狹義相對論和廣義相對論中所說的四維時空。把時間作為第四維數帶來的好處，即使有的話也是微不足道的，閔可夫斯基的時空幾何是不符合歐幾里得體系的。

——考克斯特

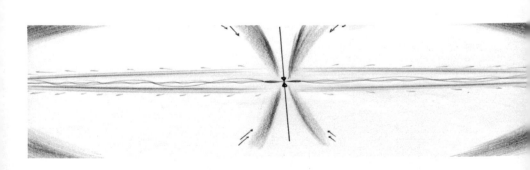

第一節　四維空間的奧秘

1. 時間不是第四維！

當我們稱點、線、面、立體等維度時，任何增減一維是針對空間距離而言，如同我們經常說的三維立體空間。例如：

一維＝ x（線），

二維＝ x^2（線 × 線＝面積），

三維＝ x^3（線 × 面積＝體積），

四維＝ x^4（面積 × 面積＝ 4 積），

五維＝ x^5（面積 × 體積＝ 5 積），

六維＝ x^6（體積 × 體積＝ 6 積），

n 維＝ x^n（n 積）。

2. 時間只是描述空間中的變化

由 x 的 n 次方，無論延伸到多少個 n 維都是針對 x（一段給定的空間長度距離）而言。

笛卡兒座標 XYZ 指的是展延至三個方向的長度，如果我們談四維空間 WXYZ 時，所增出來的 W 當然也和 XYZ 一樣，指的是一段空間長度。例如：四維空間 S＝X 四次方，其中任何一次方都是在指一段距離 X。

由此觀念可反證：閔可夫斯基四維時空連續體中的「時間」不能稱為第四維，因為時間不是一段空間距離 X，它最多只是同一段距離的展延！

愛因斯坦認為的第四維時間，其實只是為了幾何上的數學運算方便，如同我們用曲線描述變化的點，用笛卡兒座標的 XY 面描述變化的線，把時間當作第四維，其實只是運用四維描述變化的三維空間。

3. n 維空間有 $2n$ 個自由度

歐幾里得幾何 n 維有 $2n$ 個空間的自由度。例如：一維線可以有向左、右，2 個自由度。二維面可以有向前、後、左、右，4 個自由度。三維體積可以有向前、後、左、右、上、下，6 個自由度。

一個純歐幾里得三維空間中有 $2 \times 3 = 6$ 個自由度，但是當這空間裡有物質存在時又增加深、淺兩個自由度 $2 \times 4 = 8$，四維空間可以有向前、後、左、右、上、下、深、淺，一共 8 個自由度。於是便由三維變成四維，而多出來一維即是蘊藏於物質裡的重力 "g"。

4. 重力才是隱藏於三維空間中的第四維！

　　例如：一個質點原本可以任意在三維空間中自由移動，當這三維空間中有質量存在時，原本空無一物的純粹三維空間便多出一維，成為「色空四維空間」。

　　因為質量產生的重力，使得質心成為這空間中最深邃之點，重力使原本只有上、下、前、後、左、右的自由度之外，還多出真實物理意義的內外深淺高低。重力 g 正是描述內外、深淺、高低的物理量。

　　重力 g 正是將原本只是純三維歐氏空間的中心增加出內外、深淺、高低的物理量。質點固在「色空四維空間」裡的重力作用，而向質心點墜落形成球狀星體，比重較輕的氣體、熱氣往外傳導形成外圍的大氣層。因此，重力是隱性的一維。

　　我們早已生存於四維空間之中。

　　重力 g 是隱性一維，色空三維空間＋重力一維＝四維空間。

$$重力\ g = \frac{速度平方}{半徑} = \frac{V^2}{R}$$

　　時間不是第四維，重力 “g” 才是第四維！

5. 重力是什麼？

重力是使一個純粹三維空間多出一維，而形成在三維空間裡有上下高低的四維空間。

重力是什麼？

喔！懂啦……
重力是使物體向下墜落的無形力量

6. 重力＝三維空間中的第四維

　　空是三維，色也是三維。但沒有絕對的空，也沒有絕對的色。空中有色，色中有空，質量、空間合而為一，成為色空三維。

　　質量的存在，便使空間多出了朝向質心墜落的隱性一維。

　　萬有引力是質心點對空間所有質點的吸引力，而隱性一維重力 g 正是萬有引力源頭，重力 g 為物質的第四維萬有引力。

　　色空為顯性三維，重力 g 為隱性一維，合計四維。因此我們可將它稱之為「色空四維空間」。

　　質量＝速度平方×半徑＝2 維＋1 維＝3 維

　　空間＝長×寬×高＝1 維＋1 維＋1 維＝3 維

　　質量＝空間＝1 維＋1 維＋1 維＝3 維

　　三維空間裡有三維質量和第四維重力。

　　質量＝v^2R＝2 維＋1 維＝3 維

　　重力 g＝1 維

7. 迴旋速度越高＝空間凹陷越深

自體系盤面高速中心等於低窪中心點

　　1935 年前後，法國冶金工程師蘭克和德國科學家赫爾胥分別發現：當氣流在向心旋流器中，通過向心螺旋通道送入旋渦管產生旋流時，會發生總溫分離現象——旋渦管中外圍氣流的溫度高過中心氣流，該溫差隨著初始氣流溫度的升高而升高。

　　為何旋渦管中外圍的氣流溫度比中心氣流的溫度高？很多科學家試圖用熱傳遞、動能傳遞、絕熱冷卻理論、湍流能量交換理論、聲流理論等理論來解釋，但迄今為止，仍然沒有一種普遍認可的理論來解釋旋渦管溫度往旋渦外圍升高的現象。

　　我們由星體力學角度便很容易看出：為何氣流通過旋渦時溫度會往旋渦外圍升高！

　　由地球表面看，我們知道：質量＝速度平方×半徑。可知，於地球表面盤面迴旋速度每一地球秒為 7.943133367 公里，於月球公轉軌道速度為 1.023157336 公里，盤面的公轉速度隨半徑遞增而遞減。質量中心點為速度最高之點，同時也等於幾何空間的最低凹之點！重的物體如石塊滾進山谷一樣往地心墜落，相反的熱氣由地心往上升起。

$$重力\ g = \frac{速度平方}{半徑} = \frac{V^2}{R}$$

迴旋速度最高的中心點＝空間最深之點

8. 盤面迴旋速度創造空間中心凹陷

迴旋速度在平坦的三維幾何空間上創造空間的高低落差，讓密度高的物質集中到核心積累為球狀星體。加上高速迴旋運動有如離心機，讓各種不同密度質量依比重分佈於球體的各層裡面。形成外圍氣體、油、水、土、石、金屬、重金屬直到地心的不同比重的層層同心圓結構。

而這也解釋了為何旋渦氣流中熱氣會朝向旋渦外圍移轉的原因，因為：旋渦中心＝空間最凹陷之點，旋渦外圍＝空間最高點。熱氣往高處傳遞，因此旋渦管中的外圍氣流溫度比中心氣流的溫度高！

這也證明了重力 g 是隱藏於三維空間中的第四維，由於重力 g 的無形作用，使得旋渦中心點變成最深邃的凹陷點！如果我們旋轉一盆裝著細沙的熱水，會造成中心凹陷的旋渦，這時旋渦中心的溫度會低於旋渦四周。等到水完全靜止時，細沙會集中在盆底的中心點。

因為：迴旋中心＝空間的最低點，外圍四周＝空間的最高點。

9. 統一公式

c＝1156188834 公里／宇宙秒

如果我們把一單位光速 C 改為：C ＝ 1156188834 公里／宇宙秒，

一單位時間 t ＝原本 1 秒的 3853.96278 倍，

質量＝速度平方×半徑（由原本的克質量變成立方釐米質量），

那麼由宇宙到光子等物質的質量、半徑、速度、密度、溫度、重力、週期等所有物理量，都可以用一組公式描述計算出來。

由此，我們便有機會發現宇宙中其他星球的智慧生命可能發現的物理真理。

第二節　色空四維

1.「色即是空」

300 年前牛頓的公式	新的宇宙統一公式
密度 ρ ＝克質量÷立方釐米體積	密度 ρ ＝立方公里質量÷立方公里體積

　　如果當初牛頓在處理質量的密度重力問題時，地球的質量不要以克代入，而是以長度單位：「質量＝速度平方×半徑」，便能解決不同單位相除問題，同時也不必創出重力常數 G，並且極有可能直接發現一路到底的「所有物理量」可相互轉換的公式。

當密度＝ 1 時，「質量＝體積！」即 $M= \dfrac{4\pi R^3}{3}$

　　質量可描述為空間單位，一切物理量，便可以統一為相同單位。

牛頓的重力常數 G 是不必要的！

$$g = \frac{5.977 \times 1024 \text{ 千克} \times \text{G}}{6378000 \text{ 米}^2} = 9.89234 \text{ 米／秒}^2$$

$$g = \frac{5977^{12} \text{ 公里}^3}{6378 \text{ 公里}^2} = 0.00989234 \text{ 公里} \times 3853.96278 \text{ 米／秒}^2$$

2.「第一空間」

與光源、觀察者一起同步慣性運動的空間即為「第一空間」。

凡同屬一同慣性運動的所有物體即為同一體系，這個同步運動空間我們可稱之為「第一空間」。例如伽利略大舟內的所有一切物體，例如隨地球自轉的大氣層以內和隨地球公轉的月球。

第一空間之外：任何波的傳播必遵守多普勒效應

當光波、水波、聲波傳出第一空間之外，所有的波便依多普勒效應，在各傳播方向改變波長。因此在第一空間裡面 A、B 相互運動時，便應把空間視為絕對靜止；與第一空間之外互動時，應把第一空間視為單一質點，如同沒有面積、體積一樣（就像當時牛頓把質量視為單一點），而把自己與另一客體所運動的空間視為不動的空間。

「第一空間」解決相對運動的時間問題

第一空間理論可解釋：

麥克斯威爾電磁波光速不變與伽利略變換不兼容的問題，馬赫問題和麥克爾遜—莫雷以太漂流 0 結果實驗的解釋。

3.「有心體系」核子半徑

　　宇宙中所有的有心體系，都有一定半徑的圓形核子：例如太陽半徑 70 萬公里、地球半徑 6378 公里、原子半徑 1 埃。所有的有心體系的核子半徑，無論質量大小，都可依相同公式求出來：

$$核半徑\ R = \frac{M^{\frac{1}{3}}}{2}$$

4.「有心體系」外圍半徑

　　宇宙中所有的體系，都有一定的有效外圍邊界。

　　例如我們稱宇宙半徑為 135 億光年，颱風半徑為 400 公里。

$$外圍半徑\ R^2 = \frac{M^{\frac{2}{3}}}{100}$$

5. e

$$e= \frac{v}{c}$$

光速 c = 1，任何速度與光速之比便是 e！

e 是光明的筆，用光明的墨水，在光明的紙上，寫出的「光明的字」。

e 是發光的符號，是宇宙任何時空的智能生物們都可輕易求出的最重要的物理量。

閉關十年研究物理心得

　　由於長期受東方文化思想薰陶，「色不異空」、「有無相生」、「萬法相依」等東方獨特的思想觀念深植於大腦深層，乃至很容易便想出「物質＝空間體積」，及至找到所有物理量完全統一以一維長度的 n 次方構成的單一方式，也因而完成只需要以 e、n 兩個無量綱數的物理符號，便能寫出所有力學公式一路到底全宇宙統一的物理語言。

萬法相依的宇宙韻律

　　我始終相信：如果找到宇宙統一的物理語言，一切物理方程式便會有如詩歌般優雅、簡約、美麗。

　　下面的公式便是由於把質量改為體積單位「色即是空」，所有的物理量便可相互轉換；而公式所計算的物體，涵蓋最大的宇宙本體、星系、太陽到最小的原子、光子一路到底。

　　質量＝速度平方 × 半徑
　　密度＝速度平方 ÷ 球體表面積
　　週期＝公轉周長 ÷ 公轉速度
　　重力＝速度平方 ÷ 半徑
　　星體表面溫度 $T = \dfrac{質量}{(8\pi 半徑)^2}$

第一個發現：慣性「色空場」

　　宇宙中沒有完全的真空，也沒有完全的物質。宇宙任何地方都是「空中有色，色中有空」。

　　宇宙中各級質量體系，必有一定的有效作用力範圍：

　　例如我們稱宇宙半徑＝135 億光年，銀河系半徑＝5 萬光年，原子核半徑＝1×10^{-18} 公里。

　　如同一塊磁鐵四周有磁場一樣，無論我們把磁鐵移向任何位置，磁場必然隨著磁心位移。

　　任何自體系必有一定有效作用力範圍的場，質心運動位移時，場也將隨著質心同步移動。由銀河系、太陽系、地球，我們知道質量場是以盤面迴旋速度平方的形式存在，無論太陽繞銀心公轉或地球繞太陽公轉，盤面公轉速度平方場永遠與質心同步慣性運動。

　　套用廣義相對論的觀念：「空間是無限延展的。」在一片連續延綿不斷的空間中內含不等密度物質。質量自體系更是如此，體系中的磁場、電場、盤面速度平方場永遠與質心同步慣性運動。

　　因此我們可以將質量描述為：「**質量＝盤面公轉速度平方 ×半徑**」。這使得質量以三維體積形式呈現。於是就變成：「**質量＝空間，空間＝質量**」，色即是空、空即是色。我們姑且稱這體系為：慣性「色空場」。

慣性「色空場」＝第一空間

與質心同步運動的慣性「色空場」，我們稱之為第一空間。在第一空間裡面，物理法則與完全靜止不動的空間一樣，例如高速行進的伽利略大舟或以兩倍音速飛行的協和飛機裡面，如同靜止空間一樣，所有的物理法則在第一空間裡不變，光波的傳遞也是如此。如以音速行進的火車汽笛聲，乘坐在車廂中與車同步運動的乘客所聽到的音波，因為與波源同步運動，不會因為自己的速度而改變音波的波長。

$$波長變化\ \Delta\lambda = \lambda\frac{觀察者\ B\ 接收到波時，波源\ A\ 與觀察者\ B\ 之間的距離}{波源\ A\ 輻射波時，波源\ A\ 與觀察者\ B\ 之間的距離}$$

由麥克爾遜—莫雷 0 結果實驗證明：雖然地球在自轉、公轉，在地球慣性「色空場」第一空間之內，兩道行進於等長度、不等方向、不同路徑的光波會同時抵達終點，它們的波長、頻率、波速不因為不同路徑方向而改變。這證明在慣性同步空間之內，所有的物理效應等同於在不動的空間！

第二個發現：色即是空，空即是色

　　如果我們不要以重量（克）定義質量，改為：質量＝盤面公轉速度平方×公轉半徑。可知：質量＝不同密度的三維體積。於是便可以改寫牛頓力學方程為所有的物理量都是無量綱數，也不再需要牛頓的重力常數 G ！整套力學公式便可以全部轉換。

　　質量＝速度平方×半徑
　　重力＝速度平方÷半徑
　　公轉週期＝圓周長÷速度
　　密度＝質量÷體積
　　任何位置的臨界密度＝速度平方÷球體表面積

　　星體表面溫度 $K^0 = \left(\dfrac{重力}{8\pi}\right)^2 \times$ 光速

　　無量綱數的力學公式：所有的物理量都由 e、n 兩個沒有單位的無量綱數構成。

$$e^2 = \left(\frac{v}{C}\right)^2 = 光速比平方$$

$$n = \frac{R}{C} = \frac{半徑}{光速} = n\ 個光速$$

$$m = \frac{M}{C^3} = \frac{質量}{光速三次方} = e^2 n$$

$$t = \frac{2\pi n}{e} = \frac{公轉軌道周長}{公轉速度} = 公轉週期$$

$$重力\ g = \frac{e^2}{n}C = \frac{V^2}{R} = \frac{公轉速度平方}{公轉半徑}$$

$$星體表面溫度\ \Delta T = \left(\frac{e}{8\pi}\right)^2 \frac{C}{n} = \left(\frac{g}{8\pi}\right)^2 C$$

$$任何位質點的密度\ \Delta \rho = \frac{1}{4\pi}\left(\frac{e}{n}\right)^2 = \frac{公轉速度平方}{球體表面積} = \frac{V^2}{4\pi R^2}$$

第三個發現：宇宙統一的光速 C 長度

　　幾百年來我們所訂出的時間的年、月、日、時、分、秒長度，是根據地球繞日公轉和地球自轉而來的，人類自己所訂的年、月、日、時、分、秒的時間長度大小，絕非宇宙統一標準。

　　光速是宇宙中最快的速度，無論在宇宙任何地方所看到的光速也都相同。

　　我們所稱的一秒鐘等於光行進 300000 公里距離，然而光速 C＝300000 公里／地球秒只是針對我們所定義的 1 秒鐘時間長度而言。

　　什麼才是宇宙統一標準的一單位時間？在一單位標準時間中光行進多長距離？

　　如果質量＝速度平方 × 半徑，

　　平均密度＝質量 ÷ 球體體積。

　　當密度等於 1 時，質量＝體積，即 $M=V^2R=\dfrac{4\pi}{3}R^3$

　　以地球為例：

$$5.977\times10^{27}\,克=\dfrac{4\pi}{3}\times1125894300^3\,立方釐米$$
$$=速度平方 \times 半徑$$
$$=23040.548\,平方公里 \times11258.943\,公里$$

由速度反比半徑平方根公式：$\sqrt{\dfrac{R_2}{R_1}}=\dfrac{v_1}{v_2}=\dfrac{e_1}{e_2}$

我們很容易算出地球半徑 11258.943 公里處的公轉速度與光速之比 e＝0.000019928。

由此便可算出宇宙統一標準的光速 C＝23040.548 公里÷0.000019928＝1156188834 公里／宇宙秒。

另外兩種求出標準光速的方法：

$$C=\frac{\sqrt{\dfrac{M}{R}}}{e}=\frac{\sqrt{\dfrac{5.977\times10^{12}\text{立方公里}}{6378\text{公里}}}}{2.647711122\times10^{-5}}=1156188834\text{公里／秒}$$

$$C=\frac{300000\text{公里}}{\sqrt{1000\,G}}=1156188834\text{公里／秒}$$

宇宙統一標準的一單位時間＝3853.962 地球秒

宇宙統一標準的光速 C＝1156188834 公里／宇宙秒

第四個發現：宇宙中最重要的物理符號e^2

作用於運動質點的不是空間中的重力 g，而是分佈於空間各處的不同迴旋速度與光速之比 e^2。無論是發光源重力紅移、光通過重力場產生偏折、水星進動、質量存在空間產生的凹陷的物理成因，都是由於 e^2。

e 是光明的筆，用光明的墨水，在光明的紙上，寫出的光明的字。

e＝盤面公轉速度÷光速＝任何一般速度÷光速＝速度與光速之比。

e 是宇宙中最重要的物理符號。

e 可輕易地計算出廣義相對論的四個複雜的物理問題。

一連串影響運動質點的公式都跟 e^2 有關：

重力紅移 $z=e^2$

水星進動角度 $\theta=360\times3e^2$

光通過重力場折射角度 $\tan\theta=4e^2$

質量造成空間凹陷增長距離 $S=L\left(\dfrac{e}{2\pi}\right)^2$

等速度場虛質量 $\Delta M=M\log_2e^2$

動能 $P=\dfrac{1}{2}Me^2$

證明影響質點於宇宙中運行的不是運動空間中的質量、重力，而是宇宙中最重要的物理量 e^2。

第五個發現：宇宙元素的總數＝290，重子數A＝870和所有惰性氣體元素密度

2 氦重子數 A ＝ 4
10 氖重子數 A ＝ 22
18 氬重子數 A ＝ 40
36 氪重子數 A ＝ 84
54 氙重子數 A ＝ 132
86 氡重子數 A ＝ 220

由已知惰性氣體元素的原子序（質子數）和重子數（質子數＋中子數），

可以發現惰性氣體元素的質子 p 與中子 n 的比例有一定規則和隱含的物理公式：

重子數 A＝原子序×（質子數＋中子數）
2 氦重子數 A＝2×（1＋1）＝4
10 氖重子數 A＝10×（1＋1.1111111）＝21.111111
18 氬重子數 A＝18×（1＋1.2222222）＝40
36 氪重子數 A＝36×（1＋1.3333333）＝84
54 氙重子數 A＝54×（1＋1.4444444）＝132
86 氡重子數 A＝86×（1＋1.5555555）＝219.777773

第一列氦質子與中子比＝ 1：1

第二列氖質子與中子比＝ 1：1.11111

第三列氬質子與中子比＝ 1：1.22222

第四列氪質子與中子比＝ 1：1.33333

第五列氙質子與中子比＝ 1：1.44444

第六列氡質子與中子比＝ 1：1.55555

可以推導出接下來的其他惰性氣體元素的質子與中子比例到第十列質子與中子比＝ 1：2。

118 質子與中子比＝ 1：1.66666

168 質子與中子比＝ 1：1.77777

218 質子與中子比＝ 1：1.88888

290 質子與中子比＝ 1：1.99999 ＝ 1：2

知道第十列惰性氣體的質子與中子比＝ 1：2

任何化學家必能簡單的由元素表推導出第十列惰性氣體的原子序 290 和重子數 870。

2 氦重子數 A＝4＝2×（1＋1）

10 氖重子數 A＝22＝10×（1＋1.11111）

18 氬重子數 A＝40＝18×（1＋1.22222）

36 氪重子數 A＝84＝36×（1＋1.33333）

54 氙重子數 A＝132＝54×（1＋1.44444）

86 氡重子數 A＝220＝86×（1＋1.55555）

118 重子數 A＝315＝118×（1＋1.66666）

168 重子數 A＝467＝168×（1＋1.77777）

218 重子數 A＝630＝218×（1＋1.88888）

290 重子數 A＝870＝290×（1＋2.00000）

$$\Phi_2 \Longrightarrow \Phi_{10} \Longrightarrow \Phi_{18} \Longrightarrow \Phi_{36} \Longrightarrow \Phi_{54} \Longrightarrow \Phi_{86} \Longrightarrow \Phi_{118} \Longrightarrow \Phi_{168} \Longrightarrow \Phi_{218} \Longrightarrow \Phi_{290}$$

所有的惰性氣體元素的原子半徑都相同：半徑＝2.075×10^{-13}公里

元素表中的各種元素都有不同的質量體積，但由目前已經發現的惰性氣體元素的已知質量 m 和密度 ρ，便可以推導出所有的惰性氣體元素的半徑。

2 氦重子數 n＝4，密度 ρ＝0.1787；

10 氖重子數 n＝22，密度 ρ＝0.983；

18 氬重子數 n＝40，密度 ρ＝1.786；

36 氪重子數 n＝84，密度 ρ＝3.75；

54 氙重子數 n＝132，密度 ρ＝5.90；

86 氡重子數 n＝220，密度 ρ＝9.82。

由密度＝質量÷體積，便可以求出所有的惰性氣體元素原子半徑都相同：

半徑＝ 2.075×10^{-13} 公里

於是便可以推導出所有未知的惰性氣體元素的質量與密度：

118 重子數 n＝315，密度 ρ ＝14.069；
168 重子數 n＝467，密度 ρ ＝20.857；
218 重子數 n＝630，密度 ρ ＝28.137；
290 重子數 n＝870，密度 ρ ＝39.749。

10 種惰性氣體元素的密度：

$\rho_2 = 0.178648191$	$\rho_{86} = 9.82565050$
$\rho_{10} = 0.98256505$	$\rho_{118} = 14.068545$
$\rho_{18} = 1.78648191$	$\rho_{168} = 20.857176$
$\rho_{36} = 3.75161201$	$\rho_{218} = 28.137090$
$\rho_{54} = 5.89539030$	$\rho_{290} = 39.749222$

第六個發現：慣性「色空場」的核半徑、核心通道、外圍有效半徑

　　由宇宙到氫原子，任何自體系無論質量大小，都有一定的核半徑、核心通道、外圍有效半徑。

　　任何慣性「色空場」自體系的核直徑＝質量的三次方根！

　　由核半徑公式求太陽、水星、金星、地球、火星、木星、土星、天王星、海王星、冥王星、月球、氫原子，質量差為 1 後面有 57 個 0 這麼大，但公式與真實之間的最大誤差都在 10% 以內。

$$外圍半徑\ R_2=\left(\frac{M}{1000}\right)^{\frac{2}{3}} \quad\Big|\quad 核半徑\ R=\frac{1}{2}M^{\frac{1}{3}} \quad\Big|\quad 核心通道半徑\ R_1=\left(\frac{M}{1000}\right)^{\frac{1}{3}}$$

「時間」是真理的裁判

　　科學家探索宇宙物理的奧秘，走在已知和未知之間。

　　物理學是永遠不會走到盡頭的，它永遠發展著，逐步、逐步地接近真理。

　　本書是我閉關研究物理十年的物理發現，其中的宇宙物理理論是否正確？

　　時間是檢驗真理最好的試煉石，最公平的仲裁者，當然是「時間」本身！

關於蔡志忠

1963 年，成為職業漫畫家。

1971 年，出任台灣光啟社電視美術指導。

1977 年，成立遠東卡通公司。

1981 年，拍攝卡通作品《七彩卡通老夫子》，獲台灣金馬獎最佳卡通影片獎。

1983 年，四格漫畫作品開始在台灣、香港、新加坡、馬來西亞、日本等國家與地區的報刊長期連載。

1985 年，被選為「台灣十大傑出青年」，其漫畫結集出版。

1986 年，《漫畫莊子》出版，蟬聯台灣暢銷書排行榜冠軍達十個月。

1987 年，《老子說》等經典漫畫、《西遊記 38 變》等四格漫畫陸續出版，譯本包括德、日、韓、俄、法、義、泰、以色列等，至今已達四十餘種語言，全球銷量更突破四千萬冊。

1992 年，開始從事水墨創作。《蔡志忠經典漫畫珍藏本》出版。

1993 年，口述自傳《蔡子說》出版。

1994 年，《後西遊記》獲台灣第一屆漫畫讀物金鼎獎。

1998 年，50 歲到香港參加埠際杯橋牌賽。原本即對物理、數學有著濃厚興趣的他，比賽結束返台，即宣佈閉關研究物理，並自創科學、數學公式。

1999 年，獲荷蘭克勞斯王子基金會獎，表彰他將中國傳統

哲學與文學，藉由漫畫做出了史無前例的再創造。

　　2009 年，與商務印書館合作，出版最新作品《無耳空空學習日記》、《貓科宣言》、《漫畫儒家思想》、《漫畫佛學思想》、《漫畫道家思想》等圖書。

　　2010 年，在繼《可愛的漫畫動物園》紅本和藍本後，大塊文化推出蔡志忠閉關十年東方物理經典之作《東方宇宙三部曲》：《東方宇宙》、《時間之歌》、《宇宙公式》。

國家圖書館出版品預行編目資料

東方宇宙三部曲／蔡志忠著；
-- 初版.-- 臺北市：大塊文化，2010.12
　　　冊；　　公分
1.東方宇宙；2.時間之歌；3.宇宙公式
ISBN　978-986-213-217-3(全套：精裝)

1.物理學　2.宇宙　3.漫畫

330　　　　　　　　　　　99022711